JN182014

漂流する原子力と再稼働問題

―日本科学者会議第 35 回原子力発電問題全国シンポジウム（金沢）より―

日本科学者会議原子力問題研究委員会編

本の泉社

目　次

第1章 「臭いものには蓋」をしてしまった原発再稼働

舘野　淳

1. 技術は「規格」や「基準」という人工物の上に築かれている

少し一般論から話を始めたいと思います。よく科学・技術といいますが、科学と技術はどう違うのでしょうか。科学は自然を対象として観察や実験を行い、自然のもつ性質「自然法則」を知るという人間の行為であり、一方、技術はこの法則に従って自然を制御し、利用する行為だという事ができます。

「万有」引力などという名前からもわかるように、自然の法則は、どこででも通用し、正しい手法を用いる限り誰が調べても同じ結果が出るはずです。Ａさんとことでは異なる実験結果が生じ、したがって異なる法則が存在するということはありません。だから「スタップ細胞問題」が大きなニュースとして取り上げられるのです。自然の法則（真理）に対しては、人間側の持っている「価値判断」などという主観的な要素は入り込む余地はないのです。

一方、技術の方は、このような自然の法則に依拠しながら、人の価値判断に大きく左右されます。客観的な物差しではかり切れない、つまり人によって判断の基準が異なる「経済性」とか「安全性」とかいった価値体系がついて回ります。ある技術に対して、ある人は安全といい、ある人は危険といいます。人類の未来を救う技術という評価から、未来を危うくするという評価まで、同じ技術に対して下されることがあります。技術の使い方、つまり技術政策に対する判断だけではなく、技術そのものに対する評価も分かれることが多いようです。

科学の法則という極めて客観的なものを利用しているにも拘わらず、技術についてはなぜ人の判断が分かれるのでしょうか。

その理由は、技術が、実は、「規格」「基準」などと呼ばれている「人工物」の上に構築されているからです。普段私たちはあまり意識しませんが、自転車、扇風機、携帯電話などの手元にある工業製品を見てください。そこに使われている一本のネジをはじめとして、自転車など製品そのものに関しても、詳細をJIS規格、ISO規格などが決められており、それにしたがって作られています。これらの規格は、ボルトとナットのネジのピッチが正確に合うという機能を保障すると同時に、使用する材料や強度などを定め、安全性の保障も担っています。どの程度の安全性を確保するかについては、専門家の間でのある程度の経験やコンセンサスに基づいているとはいえ、純粋に客観的なものではなく、関係者の判断や、社会の要請など、科学的に見れば「曖昧なもの」が入るのです。

例えば、橋の設計においては、これにかかる車両の重量、風の影響など与えられた条件に対して「正確に」強度計算を行いますが、その結果に「安全係数」として例えば「3倍」というファクターをかけて、最終的な設計値とします。これが、2.5ではだめなのか、3.5にすべきではないのかなど厳密な議論はなく、むしろ経験的、主観的に（とまで言えば言い過ぎかもしれませんが、判断的要素が強いやり方で）決められた数値なのです。

何故、規格とか基準の話を冒頭に述べたかというと、今回の原発再稼働の本質は、まさに原発の規制「基準」の変更と「それに対する適合性の審査」だからなのです。「適合性審査」パスをもって、原発が安全になったというならばそれは論理のすり替えです。福島事故によって、我々の使っている軽水炉というタイプの原発の、これまで意図的に隠されてきたり、あるいは気づかれなかった危険性が明らかになったわけですが、規制委員会のやったことは「規制」を改訂・新設して、その明らかになった点のごく一部を「手当」したに過ぎません。このことは、規制委員会自身がよく知っていて、川内原発の審査書を了承した、2014年7月16日の記者会見で、田中規制委員長が次のように述べています。「安全審査ではなくて、規準の適合性を審査したという事です。ですから、これも再三お答えしていますけれども、規準の適合性は見てきますけれども、安全だという事は私は申し上げませんという事をいつも、国会でも何でも、何回も答えてきたところです。」 一方政府は、規制委員会が適合性のクリアを結論付ければ、それは安全性が保障されたことになるとして（例えば「規制委員会が責任をもって安全かどうかをチェックするわけだから、その判断に委ねる」（7月16日官房長官談話））、論理のすり替えをおこなっています。こうして原発の安全性を保障するものは誰もいないままで原発を運転するという、過去の「無責任」原子力行政が再びスタートしようとしています。いま福島事故の責任を問う損害賠償訴訟がたくさん起こされていますが、今度事故が起きたら誰を訴えればよいのでしょうか。

今回の再稼働で問われていることは、福島事故で明らかになった原発の本質的な危険性を重視するのか、規制委員会がその危険性回避のために若干手当てした部分を重視するのか、という点です。私は世界で最悪の（溶融した炉心が水の中に漂っているというある意味ではチェルノブイリ事故より悪質な）原発事故を起こした国民としては、より前者を重視する賢明さを持つべきだと思います。

2.「熱暴走」を起こす欠陥商品・軽水炉

規制をいくらいじっても、原発の本質は変わりません。それでは原発の本質的な危険性とは何でしょうか。それは、日本で使われている「軽水炉」と称する原発が、運転中は勿論、停止した場合でも、大量の熱を取り除いてやらねばならず、冷却に失敗して一旦制御の手綱が外れると、炉心の温度は上昇し、高温の炉内ではジルコニウムと水反応による水素が発生し、メルトダウン・メルトスルー、その結果として大量の放射能放出という、「熱暴走」を起こす特質をもっている点です。熱の制御に困難なわけは、原子炉の中で、①原子炉が停止しても、発生する放射線のエネルギーが熱に変わる「崩壊熱」は止まらず、いつまでも発生し続ける（図1参照）、②直径、高さとも4メートルという極めてコンパクトな炉心の中で運転中は300万kWという膨大な熱が発生している、という二つの理由からです。運転中は大きな河川ほどの大量の冷却水が炉心冷却のために流れています。運転中は勿論核反応が停止しても、いつもまでもポンプをまわして冷却し続けなければ、炉心は溶けてしまう。つまり、膨大な冷却能力を必要とし、熱の制御に極めて困難で、それに失敗すれば熱暴走につながる、という特質を持つ「欠陥商品」、それが軽水炉なのです。この欠陥商品を前にして、世界中の原子力技術者は誰も「熱暴走は絶対に起こさない」と言い切る自信はありません。だからこそ、以下に述べるように、大事故を起こしてしまった後の手当てである「シビアアクシデント対策」に焦点が当たっているのです。

勿論、原発の設計者はこのことを充分承知していて、緊急用炉心冷却装置（ECCS）や余熱除去装置など様々な安全装置を取り付けています。これらの安全装置のために、たとえ一時的に炉心の冷却に失敗しても、安全装置が働いて無事炉心の冷却が続行する—それがいわゆる「設計基準内の事故」で多くの場合無事終息に向かいます。しかし不幸にして安全装置が役に立たず、事故がどんどん進行するようでしたら、もはやきわめて深刻な事態で、これを専門用語でシビアアクシデント（過酷事故、新規制基準では重大事故と呼んでいる、シビアアクシデントの技術的定義は「設計規準事故を大幅に超える事故」。）といいます。シビアアクシデントになれば、自動的な安全装置はもはや役に立たないので、そこに居合わせた人たちが八方手を尽くして事故を収束させるより外にはありません。福島では、地震・津波・停電によって事態はシビアアクシデントの状態となり、運転員たちは危険を顧みず、収束にむけての絶望的な努力を重ねましたが、すべて失敗におわり、炉心は溶け、大量の放射能が環境に放出され、環境汚染、被ばくという重大な原子力災害を引き起こしてしまいました。このようにシビアアクシデント領域に入ってなおも事故が進行したら、もはや引き返しはほとんど不可能だというのが、福島事故の重大な教訓です。

政府はこれまで公式に、シビアアクシデントのような大事故は起こらないとしてきました。その証拠には、1964 年に制定された日本で一番古い指針である「原子炉立地審査指針」には仮想事故（シビアアクシデントに対応する事故）を「技術的見地からは起こるとは考えられない事故」と定義してあります。しかもこの指針は改訂もされず、ずっと生き残ってきました。ところが今回の規制基準ではシビアアクシデントは起きるものとしています。つまり規制基準の改定によって、原発の運転を受け入れる前提が「シビアアクシデントは起きない」から「起きる」に 180 度転換したのです。新規制基準を認めて、適合性審査を受け入れるという事は、この大転換を受け入れることになります。今回の川内原発再稼働に際して鹿児島県知事は「諸般の状況を総合的に勘案して、やむを得ず」同意すると述べています。こんな大転換を「やむを得ず」といった言葉で受け入れてよいのでしょうか。

３．シビアアクシデント対策導入にあくまで抵抗した電力会社

新しい規制基準は、「設計基準」「重大事故」「地震・津波」三つに分かれています。これらのうち「設計基準」部分は従来の「安全設計審査指針」のほぼ引き写しと考えていただければよく、「地震・津波」は従来の「耐震設計審査指針」に該当します。福島事故が地震・津波を原因として発生したシビアアクシデント（重大事故）であったために、新規制基準は「重大事故」、「地震・津波」が、新たにかつ大幅に改訂・付加された部分だと規制委員会は強調しています。「地震・津波」については第５章を参照していただくとして、ここではシビアアクシデント対策

を述べた前者について検討します。

シビアアクシデント対策とは何でしょうか。

大きな原発事故が起きる以前は、原発の安全を確保する基本は３重の壁による多重防護でした。よく原発のパンフレットなどには、「①異常の発生を防止する、②異常の拡大を防ぎ、これが事故に至るのを防ぐ、③事故に至ったとしてもその影響を少なくする、の三重の壁に守られているから原発は安全です」などと書いてありました。多重防護とは軍事用語の「深層防護（縦深陣地 defense in depth)」を転用したもので、第一の陣が突破されれば、第二・第三の陣で敵（事故）を迎え撃つという発想です。

1979年米国でスリーマイル島事故が、1986年旧ソ連でチェルノブイリ事故が発生すると、「深層防護の陣」は次々と突破され、これまで「起こらない」としてきたシビアアクシデントが発生することが誰の目にも明らかになりました。欧米各国の規制当局はこのまま原子力発電を続けていくためには、シビアアクシデントが発生した際にも対応できるようにしなければならないとの考えに立って、多くのシビアアクシデント対策を打ち出し、新設炉、既設炉にこれらの対策を実施するよう要求しました。言い換えるとこれまでは３重の壁であった防護を、シビアアクシデント対策も含めて５重の壁にするよう、規制を転換したのです。新たに加わった壁は、シビアアクシデントが発生してから炉心が溶融するまでの段階をフェースⅠ、炉心溶融が起きてから住民避難の対策などをフェーズⅡと呼ばれる対応策です。このように欧米ではここ30年ほどの間に、真剣にシビアアクシデント対策が実施されましたが、日本では規制当局の怠慢や電力会社の抵抗によって、その対応は大幅に遅れ、十分なシビアアクシデント対策がないままに、福島事故の日を迎えることになりました。

欧米でとられた対策は具体的には、（内容は後に説明しますが、）①フィルターベントの設置、②長期電源喪失への対応、③炉心や格納容器を冷やすための代替注水装置の設置や水源の確保、④最終ヒートシンクの確保、⑤緊急時の運転手順書の整備、⑥事業者による個別プラントの確率論的安全評価の実施、⑦同じく地震など外部要因事故についての、事業者による個別プラントの確率論的安全評価の実施、などがあります。

日本でも一部の官僚や規制に係る学者などは、及び腰ながらシビアアクシデント対策を規制に取り入れようとしました。しかしながら、電気事業者が強く抵抗して、実質的な対応策は見送られてきました。その経緯を簡単に述べることにします。

チェルノブイリ事故の１年後の1987年から1991年にかけて、わが国のシビアアクシデント対策をどうするかを議論するために、原子力安全委員会に共通問題懇談会が設置され、合計14回にわたって会合がもたれました。その中で電気事業者（電力会社）は「シビアアクシデント対策を導入すると、原発自体が安全でないように疑われる」「訴訟問題も考えなければならない」「シビアアクシデント対策は元来事業者が、現有施設のもつ安全上の裕度や想定外の場合にも発揮しうる能力を最大限に活用してリスク管理を図るもので、（中略）機器を新設してゆくことは必ずしも主眼ではない」などと主張して、特にコストのかかる装置の新設には徹底して反対しました。またシビアアクシデントは「技術的見地からは起こるとは考えられない事故」と定義した前述の立地審査指針との整合性も問題になりました。

こうした対立の妥協の産物として、骨抜きにされた懇談会の答申を受けて、原子力安全委員会は1992年に「発電用原子炉施設におけるシビアアクシデント対策としてのアクシデントマネージメントの実施方針について」を決定します。この中では対応は法的な規制ではなく、事業者が自主的に行うことが決められています。このようにして決められた規制の状態について元経産省職員で規制担当であった西脇義弘氏（現在東京工業大学特任教授）は「海外からは一回りも二回りも遅れていた」と述べています。（西脇義弘「我が国のシビアアクシデント対策の変遷―

原子力規制はどこで間違ったか」『原子力eye』2011年9月、10月号。西脇義弘『手記「セイフティ21における過酷事故対策」』東京工業大学HP。）

特に欠落していたのが地震などの外部要因事故についてのシビアアクシデント対策でした。地震などの場合、単独で発生するふつうの事故・故障と違って、多くの機器が地震動という共通の原因で、一斉に破損・故障などを起こすので共通要因事故と呼びます。経産省は電力会社に対して、個別の原発のシビアアクシデントに対する対応状態についての報告書（アクシデントマネジメント整備報告書）を提出させましたが、地震・津波など外部要因による事故や共通要因による事故の検討は全く除外されていました。もし地震・津波についても報告するよう要求していたら、東京電力でも一応、確率論的安全評価を用いて、福島第一原子力発電所における地震･津波の際の具体的な状況の検討が行われたはずで、福島事故で私たちが散々聞かされた「想定外」を連発しないでも済んだ可能性があります。

福島事故後に東京電力が提出した「反省文」の中でも次のように述べています。「当社は、福島第一原子力発電所設置許可申請書において事故時に作動すると説明してきました安全設備に対し、外的事象を起因とする共通原因故障防止への設計上の配慮が足りませんでした。その結果、3.11津波後はほとんどすべての機能を失ってしまい、炉心溶融、さらには広範囲にわたり大量の放射性物質を放出させるという深刻な事故を引き起こしてしまったことに対しまして、深く反省いたします。」「経営陣は、訴訟リスク／過大投資を恐れ、アクシデントマネジメントの規制要件化に強く反対した。」「自ら課題を設定し、解決する安全意識、技術力が不足していた。」などなど。（東京電力『福島第一原子力発電所の安全性に関する総括』『根本原因分析図』2013年3月29日。）

歴史に「if」はないといいますが、もし規制当局がシビアアクシデント対策を電力会社に命じ、また電力会社が対策をとっていれば、福島事故は起きなかったでしょうか。あるいは少なくとも被害は軽減されたでしょうか。私はその可能性は大きかったと考えます。二つほど具体例を挙げておきましょう。

その一つが全交流電源喪失（発電所の停電）の問題です。旧安全審査指針では、交流電源の喪失は短時間のものを考慮すればよいことになっていました。1977年に制定された「発電用軽水型原子炉施設に関する安全設計指針」では「指針９　電源喪失に対する設計上の考慮」として「原子力発電所は、短時間の全動力電源喪失に対して、原子炉を安全に停止し、かつ、停止後の冷却を確保できる設計であること。ただし、高度の信頼性が期待できる電源設備の機能喪失を同時に考慮する必要はない。」またその「解説」において「長期間にわたる電源喪失は、送電系統の復旧又は非常用DG（ディーゼル発電機）の復旧が期待できるので考慮する必要はない。」と述べています。ここで言う短時間とは30分程度の時間を指しています。なぜ短時間でよいかというと、外国のディーゼル発電機に比べて日本のそれは信頼性が高いから、という説明がされていました。もし、長期間の全交流電源喪失を考慮すべしという指針になっていれば、福島事故では電源不要の冷却装置である非常用復水器（IC）、隔離時冷却系（ICRC）や高圧注水系（HPCI）が動いているうちに対応がとられ、冷却機能は回復したかもしれません。世界に誇る？性能を持つ日本のディーゼル発電機も津波で水没してしまってはおしまいでした。

第二に、津波での水没は、言い換えれば溢水事故（施設内に水があふれる事故）の一種です。実はこの溢水問題に関しても検討が行われていました。2006年から2007年にかけて原子力安全・保安院と原子力安全基盤機構（JENS）によって内部溢水･外部溢水勉強会が立ち上げられ、その対策が検討された。しかしながら、津波など外部要因に係る溢水についても次のように述べて問題を先送りしています。「溢水勉強会では津波対策に係る勉強を進めてきたが、耐震設計審査指針の改定に伴い、地震随伴現象としての津波評価を行うことから外部溢水に係る津波の対応は耐震バックチェックに委ねることとした。」（「溢水勉強会の調査結果について」2007 年 4 月。）先に共通問題懇談会で外部要因事故については事業者の抵抗によって問題が先送りされたことを述べましたが、ここでも同じことが繰り返されているのです。

このように一般的なシビアアクシデント対策においても、溢水対策においても地震・津波などによる外部要因事故は問題を先送り、つまり無視されていたのです。これではいざ地震・津波に遭遇した際に的確な対応が取れるはずがありません。

以上述べてきたように東電など電気事業者はシビアアクシデント対策を実施することに散々抵抗したのですが、対応のための若干の施設の改善をおこないました。例えば、原子炉や格納容器に注水ができなくなった場合の最後の手段として、消火用のディーゼルポンプを用いて注水するシステム（代替注水装置）を取り付けました。またベント弁を遠隔操作できる装置を取り付けました。これが福島事故の際にも最後の手段となったのですが、本当に役にたったかどうかは、5 節で述べることにします。

4．シビアアクシデント対策は可能なのか

今回制定された規制基準はシビアアクシデント対策が盛り込まれています。それではこの基準によって福島事故のような大事故は起こらず、原発の安全性は保障されるのでしょうか。私はそうは考えません。以下にその理由を挙げます。

① 福島事故を契機に、新規制基準が作られたために、新基準では福島で起きた現象、あるいはそれから推測される現象への対応が中心となっています。軽水炉の危険性の本質を充分検討したうえで作られた基準ではないので、説得力がありません。原子力推進論者も「これまで世界で研鑽、検討を重ねてきた安全の考え方を、対症療法的

に変更するような風潮が誕生しました」（石川迪夫著『炉心溶融・水素爆発はどう起こったか』日本電気協会新聞部、2014年）と述べています。彼らには、福島事故を起こした自分たちの責任を棚上げして、他を批判する資格はありませんが、「新規制基準は対症療法的」という点は当たっています。

② 旧基準やそれに基づく安全審査があまりにもお粗末であったために、新基準はそれを修正するだけの役割しか果たしていません。例えば､活断層上に建設された原発の問題や､古いタイプの原発（BWRのMark-I型格納容器）などが問題を指摘されながら放置されており、規制委員会ではある程度これらを排除することを考えているようです｡しかし今後電力会社など原発復活派との力関係によっては､問題を抱える原発の排除すら本当に実施できるか危ぶまれます｡「二回りも世界から遅れていた日本」が、やっと世界に追い付けたかどうかという程度で、「世界でも最も厳しい基準」などとは、口が裂けても言えないはずです。

③ 福島事故は停電（全電源喪失）によって冷却水が失われ炉心溶融に至った事故で、炉心が露出するまでにかなりの時間（半日から３日ほど）がかかりました。その間に十分別の方法で注水するなどして炉心を冷やすための手立てを講じる時間的余裕がありました。それでさえ、対応に失敗したのです。もし、地震などにより大口径の配管が破断して瞬時に炉内の水が失われる事故（大口径破断LOCA）が起きたら、炉心溶融は数分程度で起きるはずです。（図１に示すように崩壊熱は時間とともに減少するので、原子炉停止直後に冷却機能が失われたら、発熱はきわめて大きく、溶融するための時間も短い。）このような短い時間での人手による事故対応はほとんど不可能です。こうした事故まで含めれば、一般的にシビアアクシデント対策は有効であるとは言えません。引き返し不能地点をすぐ超えてしまうのです。

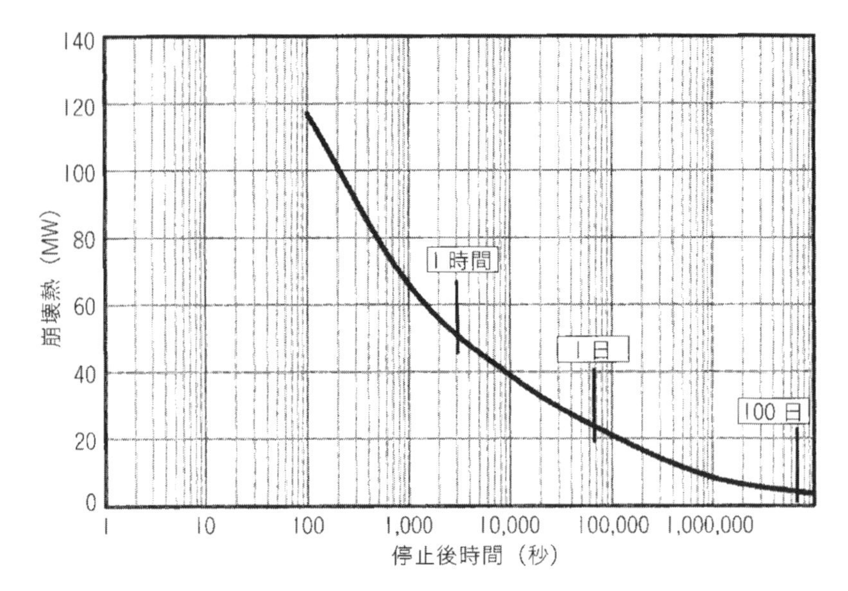

図１　崩壊熱の時間的変化

④　規制基準は工学的問題が中心で、運転員がどう行動するかなど「人の問題」が欠落しています。（この問題は「ヒューマン・ファクター」としてスリーマイル島事故の際に大問題になり、その後多くの検討がなされました。福島事故では、運転員などがとった行動に対して、科学的分析がなされていません。）例えば建物などのインフラが全面的に破壊される地震などの危機的な状況で、人は短時間に事故対応ができるのか、突き詰めて考えられていません。

⑤　原発の稼働を、高レベル廃棄物の処分など「核燃料サイクル問題」と切り離しています。この結果、原子力政策自体をどうするのかが全く分からず、再稼働だけを進めるいわば「漂流する原子力」状態となっています。

このように、新規制基準もこれに基づく規制委員会による適合性審査も、二度とシビアアクシデントを起こさないと保証できる措置ではありません。以下にやや専門的になりますが、規制基準や適合性審査の技術的欠陥について述べることとします。

５．燃え盛るジルコニウム火災から炉心の溶融に

福島事故では原子炉内部ではどのようなことが起きていたのか、振り返ってみましょう。

停電（全交流電源喪失）によって冷却水の供給が止まると、炉内の温度は上昇し、冷却水の蒸発によって原子炉内の水位はじりじりと低下していき、水位は燃料棒の頂部、次いで底部に達し、全炉心が露出します。燃料棒の被覆管の温度が1000℃を超えるころから被覆管の金属ジルコニウムと水とが激しく反応し、水素を発生しますが、これをジルコニウム火災といいます。（金属ナトリウムと水とが反応して激しく燃える現象、ナトリウム火災が高速増殖炉もんじゅ事故で有名になりました。）ジルコニウム火災は発熱反応ですので、ますます炉心の温度は上昇します。一旦このような状態になれば、水をかけてもかえって「火に油を注ぐ」状況になるため、手が付けられません。この「火災」で１トン近い水素（１気圧で約11000 m^3）が発生し、この水素が原子炉圧力容器→格納容器→原子炉建屋へと漏れ出し、水素爆発を起こして建屋を吹き飛ばしたことはよくご存じでしょう。

この火災で酸化したジルコニウム被覆管はバラバラになり、多くは崩壊します。残ったジルコニウムも、温度が融点の1852℃を超えると溶けて流れ落ちます。燃料の二酸化ウランの融点2865℃を超えると、燃料ペレットも溶けてしまいます。これらの他に炉内の構造材（主に鉄）や制御棒の材料など、いろいろなものが溶けてまじりあったものをコリウムとか燃料デブリなどと呼んでいます。

福島事故は未解明点、つまり謎がいっぱいありますが、いつごろこの炉心溶融が起きたのかというのも謎のひとつです。東京電力は「福島原子力事故における未確認・未解明事項の調査・検討結果の報告」（第１回：

2013年12月13日、第2回：2014年8月6日）という報告書を出していますが、その中で3号炉の炉心溶融の時刻が従来推定していたものより大幅に早い時間におこり、その結果炉心の熔融も想定以上に進んでおり、炉心の大部分が溶け落ちて、圧力容器及び格納容器の底にたまっていると発表しました。炉心溶融の時間も、溶融の程度もまだほとんどわかっていないのです。

この報告書にはもう一つ重要なことが書かれています。それは先にも述べたように、東京電力が重い腰を上げてシビアアクシデント対策の一つとして、ようやく設置した代替注水系を通しての消防車による注水の水が、枝分かれした他の配管を通って外に流出してしまい、ほとんど炉心に届かなかったという事が判明した事実です。工学的にはあきれるほど初歩的なミスと言わざるを得ません。本気でシビアアクシデント対策に取り組んでいなかった証拠といってよいでしょう。（図2）

消防車からの注水が全て到達していれば、原子炉を十分冷却することができたと評価
注水の一部が他系統へ流れ込んでいた可能性
事故進展挙動を評価する上で、重要なインプット情報である消防車注水量を評価

消防車から原子炉への
注水量の定量評価のため、
1号機での原子炉注水量を
注水経路の配管圧損から評価

2～5割が原子炉へ
注水されていた可能性

ただし消防車の吐出圧力、吐出流量等の
記録が少なく、不確かさを多く含むため、
感度解析やプラント応答との比較により、
さらなる検証が必要

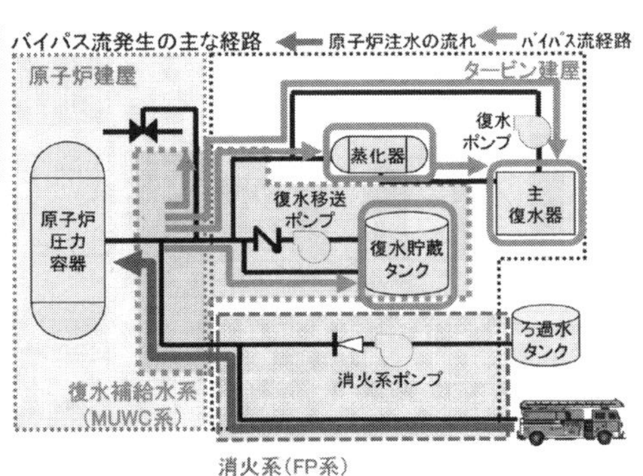

図2　原子炉の外に流出していた消防車注水の水（東電資料より）

６．新基準・適合性審査の技術的問題点

４節で規制規準の問題点についてやや一般的に述べましたが、もう少し具体的にPWRとBWRとに分けてその技術的問題点を見てみましょう。

○ BWR（沸騰水型炉）

福島でシビアアクシデントを起こしたBWRの特徴は、PWRに比べて格納容器の容積が１/5～1/6ときわめて小さいことです。この大きさの格納容器の容積と圧力抑制室の水量では崩壊熱を受け止めきれず、システム全体の温度・圧力が簡単に上昇してしまいます。特に福島事故では最終的に熱を逃がすための海水をくみ上げるポンプが津波で壊れてしまい（最終ヒートシンク問題）、行き場を失った熱で圧力抑制室などシステム全体の温度が上昇しました。

そのため、圧力容器から噴き出した水蒸気、放射性気体、水素などで格納容器内が高圧になり、耐圧限界を越え格納容器が破損、放射能が環境に放出されました。福島事故では、２号機の格納容器が破損して、圧力容器からのきわめて高濃度の放射能が直接的に環境に放出され、これが飯館村方面の深刻な汚染につながったといわれています。（1，３号機では、放射能は一度圧力抑制室の水をくぐった後、ベントによって放出されたので、２号機に比べれば放射能量は少なかった。）２号機のように事態を悪化させないためには、格納容器の運転員は遅れずにベント（人為的にベント弁を開いて格納容器内のガスを放出すること）をしなければなりません。また、注水するためにも内部の圧力を下げることが不可欠なのです。このように、シビアアクシデント対策は、従来の「閉じ込める」方針から一変して、住民を被爆させることになるベントを如何に速やか実施するかが問われることになります。「閉じ込めより放出」「住民の安全を犠牲にしても、原発を救う」これが福島事故から学んだ事故

対応なのです。新規制基準はフィルター付きのベント装置の新設を要求していますが、フィルター機能に重大な欠陥が生じれば、直ちに汚染・被ばくの危機に迫られることになります。

BWRの中でもとくに福島事故を起こした原発の格納容器はMark－I型と呼ばれる、ごく初期のタイプで、1970年代にGEの技術者がその欠陥について内部告発を行うなど、従来から多くの問題が指摘されていました。例えば、ドーナッツ形の圧力抑制室に、高温の放射性ガスや水蒸気が吹き出す際に抑制室内の水を素通りして、蒸気が冷却されずまた凝縮されないままに格納容器内に出てしまう、地震の際の水の動揺で、圧力抑制室が破損する、などです。（例えば、後藤政志「格納容器の機能喪失の意味」『科学』2011年12月号、岩波書店）

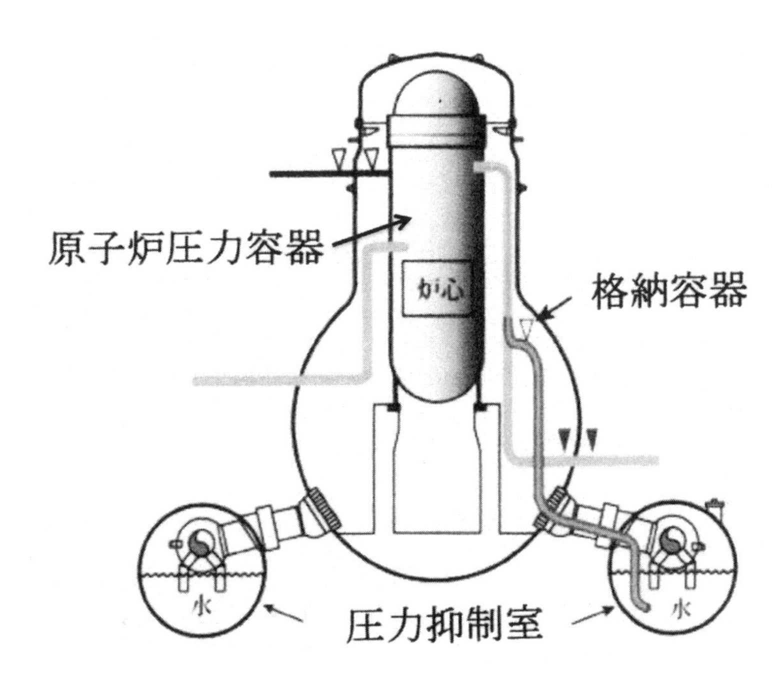

図3　BWR（Mark-I型）

BWRでは、格納容器が小さいため、格納容器内を窒素ガスで満たして、水素爆発の防止が策がとられていいます。しかしながら、福島事故でもわかるように、水素ガスは格納容器からも抜け出し、原子炉建屋の上部に溜まって、爆発を起こしました。窒素ガス封入は役に立たなかったのです。

政府の事故調査報告書でも強調されていましたが、事故の最中、原子炉内の水位がどのあたりにあるか全くわかりませんでした。このため、事故の初期においては、2号機の水位が一番下がっていると考えて、何とか2号機に注水しようと努力しました。ところが実は水位が一番下がっていたのは、1号機でした。そのため1号機は地震・津波の翌日12日15時36分に水素爆発を起こしました。東電の推定では炉心が露出したのは11日20時頃。）3号機は14日11時01分に水素爆発、2号機は15日6時15分に格納容器爆発と、2号機が一番最後になりました。炉内水位が判らなければシビアアクシデント対策などとることができません。なぜ水位が判らなかったかというと、それは欠陥水位計とも言うべきBWRの水位計のせいです。原子炉の外部に基準となるような容器（凝縮槽）を置いて、その水面（基準水面）と原子炉内の水面との差圧から水位を求めていたのです。地震や温度の上昇などでこの水位計は全く役にたたなくなりました。水位だけではなく、圧力、温度など基本的なデータが測定できないケースがしばしばありました。

福島事故の「最大の教訓」はメルトダウンが起きた場合、溶融炉心をどう安全に処置するかという事のはずです。溶け落ちて、一旦圧力容器や格納容器の底に溜まってしまうと、それを取り出すのに30～40年という長い年月と巨額の費用、作業する人の被曝、汚染水の拡大など様々な損害を伴います。（事故現場の燃料デブリ取出しがどうなるかはわかりませんが、場合によっては国力を消耗することにもなりかねません。）溶融した炉心は、いわゆる高レベル廃棄物のガラス固化体に似たようなもので（厳密にはそれに内部で生成したプルトニウムを加えたもの）、現在1号機～3号機の底には「むき出しの」ガラス固化体90体～120体が存在すると考えて差し支えありません。今後放射能はどのように変化するのですか、という質問をよく受けますが、ほぼガラス固化体の変化に似たようなものだという事が出来ます。本来なら10cm近い肉厚のキャニスターと呼ばれる容器に入れて、「厳重に」何万年も「保存」処分されるはずのガラス固化体類事物が、事故現場では破損した原子炉内に100本近くむきだしで溜まっているのですから、簡単に取り出すことなどできるはずはありません。したがって、もし再稼働するのであれば、溶融した炉心をどうするのか（耐火材料でできた容器を原子炉の下においてこれを受け止める、コアキャッチャーなどという装置が考えられています）が最も重要なはずですが、新規制基準はこのような大がかりの改造は要求していません。

○ PWR（加圧水型炉）

規制委員会が川内原発を再稼働審査の先頭にたてたのは、直下の活断層など事故の原因となる外部要因が少なく、また施設として福島事故を起こしたBWRではなかったためでしょう。再稼働に伴う批判・抵抗をなるべく少なくしようとしたのです。川内原発では本当に他と比べてシビアアクシデントは起こりにくいのでしょうか。

川内原発関連は昨年7月16日から本年10月21日まで、合計63回の会合（他の原発と合同の場合もある）がもたれ、そのうち「重大事故（シビアアクシデント、SA）対策の有効性評価、設計規準への適合性」がとりあげられたのが30回、「地震、津波、火山」関連が22回、「解析コード」3回、「テロ対策（非公開）」2回、あとは「申請の概要」「主要な論点」「補正に対する指摘」などとなっています。ページ数で川内関連の議事録だけで千数百ページ、資料類を合わせると膨大な情報を含んでおり、全体に目を通すのは容易ではありません。

まず外部要因について言うと、多くの人が指摘しているように、わが国で最近とみに活発化しているといわれている火山の問題があります。適合性審査で九電は一応火山の問題に触れていますが、特定のいくつかの事故の可能性を取り上げて、重大事故に連なる可能性はないと結論付けており、規制委員会もこれを認めています。しかし本当に火山の影響を評価しようと思うならば、特定の事故を前提とする「決定論的安全評価」ではなく、「あらゆる可能性」を探る「確率論的安全評価」を行うべきです。細かい火山灰が、ほんの少しでも、弁やポンプなどの機器に入り込んでも問題はないのか徹底的に評価すべきです。（確率論的安全評価は後に述べるように、シビアアクシデントが何年に１回起こるかなどという「絶対評価」に関しては信用がおけないのですが、どの原因がシビアアクシデントにつながるか、といった「相対評価」についてはある程度信用がおけるのです。というかこの方法でしか評価手法が無いのです。）火山噴火についての確率論的安全評価の実施を九州電力に求めなかったことは、今回の川内原発適合性評価における最大の汚点の一つだと考えます。

上述のように、PWR は格納容器が BWR に比べて大きいのですが、格納容器内への窒素注入はしていません。このため、水素爆発問題が適合性審査のうえでも大きな問題となりました。水素ガスは空気と混合した場合（ごく些細な）着火原因があれば、4 〜 75％の範囲で爆燃を起こし、18.3 〜 59％の範囲で「爆轟（ばくごう）」を起こします。爆轟（デトネーション）とは、燃焼波が超音速で伝播する現象、すなわち衝撃波を伴う燃焼現象で、これが起これば強力な破壊力を伴います。福島事故での１、３号機の原子炉建屋を破壊した水素爆発はこの爆轟であり、当時の写真を見てもその威力が思い知らされます。専門家は、爆轟は非線形現象であり、注意して実験しても完全な再現性は困難だとしています。（滝史郎『NERIC NEWS』2014 年８月号。）その意味で、水素ガスが格納容器内に溜まった場合、どのような条件ならば爆轟が起きるのか、解明されているとは言えません。しかし新規制規準の審査ガイドによれば、爆轟防止のため格納容器内の水素の「平均濃度」が13％以下であることが求められています。九州電力は、MAAP、GOTHICなどのコンピュータソフトを用いて計算を行い、13％を超えないことを示していますが、これはあくまで水素が格納容器内に均一に広がった場合であり、軽い水素が格納容器上部で爆轟濃度にならないことを保障するものではありません。

もう一つ、この水素濃度計算で納得いかないことがあります。水素の発生によって反応するジルコニウムの量は、九電が計算した結果全体の30％でした。しかし、上述の「審査ガイド」によれば「全炉心内のジルコニウム量の75％が水と反応するものとする。」となっており、結果をこのまま使うことができません。そこで九電は苦肉の策として、30％から75％までの水素分は一定時間内に一定速度で発生するという「補正」をおこない、以後の解析に使っています。これはまさに木に竹を接いだというべきものであり、果たしてこんな計算が、意味があるか疑問です。MAAPの解析結果を信用するならば、そのまま提出すべきです。若干の補正ならばとにかく、2倍以上の「補正」はたとえ「安全側」であったとしても、解析結果が信用できないものという印象を与えます。

コンピューターコードについても問題があります。規制委員会は これらのコードによる計算は、電力会社で行ったのか、メーカーである三菱重工が行ったのかを質問し、これに対して、九電はメーカーが行ったものであると答え、「どのような誤差があって、そこから出てくる流量はどのくらいかというのは、正直な話、プラントメーカー、実際に制作しているところしかそういう数字を持っていませんし、それも公開されてございません。」と述べています。コード計算のすべてがメーカーかどうかはわからないが、もしそうだとすると九電はせいぜい作業環境ぐらいしか独自に検討することはないのではないかと思います。規制委員会は電力会社相手に審査をするのではなく、メーカー相手にした方が責任ある回答が得られるのではないでしょうか。更田規制委員は「将来的には、MAAPに限らないですけれども、こういったシビアアクシデント解析コードのようなものを自社で回すような体制をとるおつもりがあるか、それともそれはメーカーとの関係において整理されるものなのか、」と質問し、これに対して九電は「整理してご説明いたします。」と答えています。

電力会社は日常の業務をこなすことはともかく、起きるとは思っていなかったシビアアクシデントに対応するだけの人材を備えてはおらず、失礼な言い方ですが、シビアアクシデント対策の技術能力に欠けると判断されても仕方がないと考えざるを得ません。

話をシビアアクシデントに関するPWRの特徴に戻すと、PWRでは、炉心溶融などが起きた場合、二次系の主蒸気逃がし弁を開放して、蒸気を放出すれば、蒸気発生器（熱交換器）を通じて、一次系を冷却することができるという利点があります。ただしそのためには、二次系に連続的に給水しなければなりません。

このようにBWRに比べて有利な点もありますが、PWRでは原子炉（圧力容器）内の圧力がBWR（約70気圧）に比べて約170気圧と高圧であるため、圧力容器が破損すれば、溶融炉心が格納容器内部に放出し、これらが格納容器にふれるなどして溶融物直接接触や格納容器直接加熱など、熱によるダメージはより大きいものと考えられます。また一次系、二次系と二つのシステムが結合しているためBWRよりは複雑であり、事故原因の発見、対応などで判断を誤ったり、時間を取られたりする可能性があります（スリーマイル事故はその典型例）。

川内原発の適合性審査では、溶融して圧力容器から落下した炉心はその下キャビティ水中に落下するという九州電力の主張を認めて、これを受け止める、コアキャッチャーの設置を要求していません。これについて専門家は「（耐火物などを製造する）高温溶融炉設計では、水蒸気爆発防止対策は最優先課題となっている。」「水蒸気爆発による爆轟破壊を検討していない」と述べて、水蒸気爆発（火山爆発などで見られる、高温融体が水にふれて爆発する現象）の危険性を警告しています。（中西正之『NERIC NEWS』2014年8月号、『日本科学者会議　第20回総合学術研究集会予稿集』。）

また溶融炉心が格納容器底部のコンクリートと反応して、水素や一酸化炭素を発生する危険性についても、警告がなされています。（岡本良治、中西正之、三好永作「炉心溶融物とコンクリートとの相互作用による水素爆発、CO爆発の可能性」『科学』2014年3月号、岩波書店。）

このように、専門家が指摘する未解明な問題を無視したまま再稼働を認めたことは、かって地震の専門家が指摘した問題を無視したまま耐震性の認可をおこない、福島事故を引き起こした轍を踏んでいる、と言われても仕方がないと考えます。

川内原発再稼働で今一つの問題点は、免震重要棟と格納容器フィルタ付ベント装置など設置に時間がかかる施設設置の先送りを認めたことです。これでは規制委員会が住民の安全よりも電力会社や（国の？）要求を優先したと思われても仕方がないでしょう。

以上述べてきた規制をおこなった結果、原発はいったいどれだけ安全になるのでしょうか。規制委員会は安全目標として、①炉心が損傷する程度の事故を起こす確率は10000年に1回（10^{-4}/年）、②格納容器機能喪失事故：10^{-5}/年、③大量の放射性物質が環境に放出される事故：10^{-6}/年、としています。つまり福島級の事故発生の確率は1基当たり百万年に1回程度であるとしています。それではこれまでの実績はどうでしょうか。我が国では、40年にわたって50基の原発がほぼ直線的に増加してきました。この結果福島事故で3基の原発がシビアアクシデントを起こしました。これは1基当たりの確率で言えば3×10^{-3}/年の発生確率に当たります。規制委員会は、シビアアクシデント対策をおこなった結果3×10^{3}倍、つまり従来より3000倍も安全になったといっているのです。従来より多少は安全になったことは認めるとしても、これはとても信じられない数字です。もしそれを信じろというのならば、なぜ福島事故以前にこのような対策が取れなかったのでしょうか。原子力業界全体の体質を表す数字に他ならないと思います。

７．再稼働強行のもたらすものは

今、世論調査をおこなうと国民の６割が再稼働に反対するという結果が常に出ています。大多数の国民の反対を押し切っての再稼働は、わたしには原子力開発における、過去のある出来事を思い出させます。それは原子力船「むつ」の問題です。1974年青森県むつ市の市民や漁民の反対を押し切って、強行出港した原子力船「むつ」は、洋上での出力上昇試験中に放射線漏れを起こし、実験を中止しました。「むつ」は漁民の反対によって帰港することができず51日間にわたって太平洋上を漂流する羽目におちいりました。我が国の原子力開発史上に汚点を残した事件の一つです。

原発の再稼働に関しては国民のコンセンサスがなく、国のエネルギー供給における明確な位置付けもなく、放射性高レベル廃棄物やプルトニウムの処分方向も決められないままに、さらには福島事故の収束の目途もつかないままに、とにかく再稼働の事実だけを先行させ、運転の実績を作ろうとしています。これはまさに「むつ」の強行出港と同じであり私には今度は原子力船「むつ」ではなく、わが国の原子力開発そのものが漂流を始めるように思われます。すべての問題を先送りにしたまま、原発だけが動いているという、近未来の不気味なありさまが想像されます。こうした事態だけは何としても避けなければならないのではないでしょうか。

３年半を経過した福島県民の現状

清水修二

1．４年目の福島

事故の発生から４年目に入った福島の現状を、県内に居住する者の立場から端的に整理してみます。

第１に、事故（レベル３）がまだ継続中であるにもかかわらず、国民の関心は薄れつつあるように見えます。放射能汚染水の漏洩というチェルノブイリ事故でもなかった異例の事態に収束の目処が立っていませんし、放射性廃棄物の中間貯蔵も大きな社会問題です。福島県内では地元新聞の一面トップは毎日、たいてい原発事故関連が占めていますが、とくに西日本ではマスコミの話題になる機会もとみに減っていると聞いています。とはいえ他方では大間原発の建設中止を求めて函館市が提訴に踏み切るとか、福井地方裁判所が大飯原発３・４号機の運転差し止め判決を出すなど、一部では福島事故の教訓を生かそうとする動きがはっきり見られ、意を強くしている福島県民も少なくはないと思います。

第２に、「避難の被害」が甚大です。避難者は少しずつ戻ってきてはいるものの、県内外への避難者はいまだ12万人を下らず、県外避難者もなお４万人を超えています。いわゆる震災関連死が福島県で突出して多く1,700人を超えたと言われている状況で、一日も早い「避難の収束」が急務です。住民は帰還するか、移住するか、避難を継続するかの選択を迫られつつあり、いずれの選択をするにせよ生活・生業の再建の軌道に早く乗るようにしないと、犠牲者はふえるばかりです。

第３に、原発批判陣営の中に放射線への恐怖を過度に強調する傾向があり、県民意識との溝が広がっています。「福島を忘れるな」「事故を風化させてはならない」との思いは県民も共有していますが、県民、とりわけ子どもたちの未来にことさら暗い影を投げかけるような言動が県民の心情を深く傷つけている側面のあることは否定できません。漫画「美味しんぼ」はその一例です。

第４に、放射線被曝をめぐる見方の違いから生まれる「人心の分断」が相変わらず人々を苦しめており、マスコミの報道がそれを助長するきらいがあります。たとえば学校給食に県内産の食材を使う自治体がふえていますが、それに不安を感じる親はいます。そして不安を口にする親は相対少数なので自治体のやり方は「少数意見の抑圧」の外観を呈しますし、一部のマスコミは「放射線への不安を口にしにくい空気が生まれている」と批判的な記事を書きます。また自主避難者が帰還すると周囲から白い目で見られる、といった記事も新聞には登場します。それぞれ一面の真実でしょうから報道が間違っているとは言えませんが、メディアがことさらに被害者同士の不幸な対立にニュース・バリューを付与している感があります。

第５に、いわゆる風評被害が依然として広範囲に存在しています。たとえ検出限界未満であるとしても事故による放射能汚染がゼロでない以上被害はあくまでも「実害」であって「風評」ではないとの見方もあり、この問題は微妙な性格を帯びています。私の考えでは、科学的な検証の結果、常識的なリスク感覚からして十分に許容できるレベルにおさまっているのであれば社会的にはリスクゼロの扱いをしても不当ではないと思います。そういうものまで実害扱いをしていると、いつまでたっても被災地は差別的な地位に置かれることになってしまいます。

第６に地域の現状ですが、いくつかの地方自治体が存続の危機に瀕しています。被災地域の将来展望を切り開こうにも悪条件が多すぎると言わねばなりません。また、東京電力による賠償金の存在が地域再建への道を複雑かつ困難にしている面があります。居住地の違いによって賠償金の有無や多寡の差があり、それが住民間の摩擦・対立を醸成していますし、賠償金頼みの生活が被災者の自立を妨げているとの見方が相当に広がっているのも事実です。さらに、町ぐるみで避難している住民が避難先で不安定な立場に置かれ苦労している現実があります。住民票のない自治体に身を寄せている住民の、法的・行政的地位の扱いが重要な問題です。

第7は政策的な事柄で、除染の目標値をめぐる議論が高まっています。年間1ミリシーベルトの目標値が、いたずらに除染費用を膨らませていると同時に住民の帰還を理不尽なまでに妨げているとの批判が起こっています。国は、空間線量から計算される数値でなく個々人が線量計を身に着けて測った実測値をもとに対処するやり方に転換する意向を示しています。この件は科学的というより政治的な意味合いが濃厚で、被災地の人々の間に新たな対立を生む要因になっています。

2. 福島はチェルノブイリではない

福島事故を過小評価させるな、との思いからか「福島はチェルノブイリ以上」と主張する人までいますが、非科学的な誇張というべきです。3基もメルトダウンしていることや汚染水問題が生じている点は確かに「チェルノブイリ以上」かもしれません。しかし事故・災害の全体評価としてそれはあまりに恣意的で、被災地の現状認識をゆがめるものです。いずれにせよ両者は量的な差異が大きいだけでなく質的（社会的）にもかなり異なっていますので、比較する際には十分な注意が必要です。

詳細は別の論者にゆだねますが、まず事故・災害の深刻さの度合いが異次元といっていいほど違います。チェルノブイリ事故で環境に放出された放射能の量は福島事故のざっと10倍で、しかも福島事故では大半は太平洋に降下しています。地上汚染の地理的な広がりも同じくらいの差がありますが、人口密度は日本のほうが高いので被災者の数は相対的には多くなります。ただし子どもの甲状腺被曝線量（等価線量）は、福島事故とチェルノブイリ事故とでおよそ２ケタ（百倍単位）の差があります。

さらに、社会主義体制と自由主義体制とで、事故後の対応が大きく異なっていることも見なければなりません。事故を起こした旧ソ連では土地は基本的に国有です。現場に近い被災地の住民は国有地から別の国有地に移住しました。避難ではなく移住ですので「帰還」は最初から目標にはならないのです。実際どれくらい保証されたかはともかく住居も仕事も政府が手当てするのが社会主義体制で、したがって賠償は現物支給が主となります。福島では私有財産を残して住民は避難しており、避難先の生活や仕事も住民の自主選択にゆだね、その代わり賠償金が支給されています。また、日本にあるような地方自治は旧ソ連には存在していなかったと聞いていますが、行政主体としての町村はチェルノブイリ被災地では住民の移住とともに消滅しています。これも、住民が役場ごと避難しても自治体の「帰還」が至上命題として追求されている日本とは違うところです。

また現地に行ってみて痛感するのは、ウクライナやベラルーシの住民は腹を決めて放射能と付き合っている、というより、そうせざるを得ない状況に置かれているという現実の重さです。事故から28年もたった現在もなお、現地では食品の安全対策に熱心に取り組んでいます。都市部の大きなマーケットには放射線の検査施設が付属して設置され、検査をパスしない商品は店頭に並べることができない仕組みを構築しています。放射性セシウムが多く含まれている食品の代表はミルクと肉類です。土壌が汚染されているので家畜に放射能が濃縮されながら移行するわけです。しかしだからといって汚染の高いミルクも廃棄するわけにはいかず、さまざまに加工して線量を下げます。チーズやバターに加工すれば放射能は10分の１程度にまで減らせるそうです。牛肉の場合は出荷前の２～３か月、汚染のない飼料を食べさせれば基準をクリアできるといいます。

また幼稚園のころから放射線の学習を行っています。学校にはベクレルモニターが設置してあり、家庭の食材を生徒が測って結果を親に伝えるといった方法で食の安全を確保しています。汚染された森の縁辺には警告の立札が立っていますが、そこには「測定しろ」とは書いてありますが「食べるな」とは書いてありません。森の幸はかれらにとっては生活上の必需品なのだと思います。

要するにチェルノブイリ被災地では、汚染された大地からいかにして食べる物を確保するか、工夫しながらあらゆる努力をしているという印象を受けるのです。「避ける」とか「食べない」とか「捨てる」とかいった対処の仕方は考えられない食糧事情の厳しさを感じます。2011年にベラルーシを訪れた際、「被曝の大部分は食品経由の内部被曝なので、食品をコントロールすれば被曝は避けられる」と専門家からアドバイスをもらいました。外部被曝よりも内部被曝のほうがコントロールできるという見方に、現地のリアリズム感覚を強く印象づけられました。福島では不幸中の幸いで汚染の度合いがかなり低かったことに加え、農業者の努力で食品の汚染対策がすすみ、市場に流通している食品を摂っている限り内部被曝の心配はほとんどないことが分かっています。福島の食品は「実によくコントロールされている」といえます。

3. 被災地域はこれからどうなるのか

福島県浜通り（太平洋側）の将来を考える際、与件としていくつか踏まえなければならない事情があります。

第１に、「現場」とどう付き合って行くかです。前述のとおり事故の現場はまだまだ収束の段階にはありませんが、いずれ冷却する必要のない段階に漕ぎつけたとして、その後に廃炉に向けた長い工程が控えています。それは数十年にわたる工事になるでしょう。経済的な面からみれば、数十年の「飯のタネ」がそこに存在し続けることをそれは意味します。事故に至っていない福島第二原発についても同様です。第二原発については第一原発とともに廃炉にするよう県当局も県議会も県内市町村も異口同音に要求しているにもかかわらず、政府も東電も言を左右にしてこれを受け入れていません。しかし県民の意思を無視して再稼働を強行することはできないでしょうから、廃炉への道はおそらく動かしがたいと思います。そうなれば第二原発の廃炉工事もまた遠からず始まり、長く続くことになります。いずれにせよ廃炉という形での「原発への地域の経済的依存」は、良かれ悪しかれ今後数十年は継続するものと見なければならないでしょう。

第２に、「現場の放射能」をどうするかが問題です。政府・東電は原子炉内で溶け落ちた核燃料（燃料デブリ）を遠隔操作で取り出す方針ですが、本当にできるかどうか私は疑問に思います。そのまま放射能の減衰を待って「埋設処分」するのが合理的だという議論が、たぶん持ち上がってくるだろうと予想しています。現にチェルノブイリ原発４号機は事故以降、事実上放置されており、新たな「石棺」を建設して汚染の漏洩を防ぐ以上のことを政府当局は考えていないのではないかと推測されます。福島原発で仮に燃料デブリを取り出すことに成功したとしても、それをどこに持っていくかと考えると、果たして持って行き場があるか甚だ疑問といわざるを得ません。おまけに第一原発サイトの地下土壌は広範囲に汚染されてしまっています。これを掘り起こしてサイト外に持ち出すのも困難でしょう。そうなれば、第一原発サイトは高レベル放射性廃棄物の超長期保管場所になるのは避けられないと考えられます。この際ついでに、六ヶ所村の再処理工場で出てくる高レベル放射性廃棄物も福島へ持っていけばよいという声すら上がってくる可能性があります。

第３に、上のことと質的に連続しているのが中間貯蔵施設の問題です。福島県内の除染で発生する膨大な低レベル放射性廃棄物を、双葉郡（双葉町と大熊町）に建設予定の中間貯蔵施設に搬入する計画を国が進めています。栃木県・宮城県・茨城県・群馬県・千葉県でも発生している１

キログラム当たり8,000ベクレル以下の指定廃棄物は、それぞれの県内で最終処分する計画を政府は提示しています。これに対し、候補地に名前の挙がった市町村が一様に反対の声を上げています。住民の中には「福島から出た放射能なのだから福島へ持って行け」と主張する人もいます。また中間貯蔵施設に搬入される廃棄物は30年以内に福島県外に搬出して最終処分することを政府は約束していますが、さてそれを受け入れる地域が国内にあるかどうか、県民は半信半疑です。この廃棄物の保管と処分の一件は、今度の事故の責任をどう考えるかという問題と絡みます。（責任問題については後ほど「補論」で論じましょう。）ともあれ、中間貯蔵施設が双葉郡内に造られた場合、それが当地域の将来を大きく制約することは間違いありません。

第４に、上述したような諸条件次第で状況は変わりますが、いずれにせよこの地域で過疎化＝少子高齢化が非連続的・飛躍的に進展することは不可避と言わねばなりません。チェルノブイリ事故の被災地でも、避難住民が戻った地域の高齢化率は大幅に上昇しました。双葉郡の町村が実施した住民アンケート調査の結果を見ると、たとえば双葉町の30代では８割以上が「現時点でもう戻らないと決めている」と回答しています。もともと双葉地方は高度成長期に経済発展の波に乗りおくれ「福島県のチベット」などと呼ばれた出稼ぎ地帯でした。それが原発の誘致によって「発展」の軌道に乗り、県内でも有数の高所得地帯になった経緯があります。それが今回、思わぬ大事故によって空前の被害をこうむり、一気にどん底に突き落とされた恰好です。今後たとえ廃炉工事による雇用が長期にわたって見込まれるにしても、若い世代が夢をもって子育てできるような地域に戻るまでには数十年の歳月を必要とするでしょう。「前例のない特殊な過疎化現象」が現前するものと思われます。

このように客観的諸条件を数え上げていくと、この地域の将来について明るい展望を描ける要素があまりにも乏しいことに暗澹たる思いを禁じえません。もっとも、同じ双葉郡であっても地域によって放射能汚染の度合いにはかなり濃淡があり、汚染の少ない地域を拠点とした復興のデザインが全く描けないわけでもないでしょう。半減期やウェザリング効果による放射能の減衰、そして除染の効果にもある程度は期待できます。地方自治体においても、相互連携による広域対応で対処できる部分は少なくないと考えられます。いずれにしてもこの地域の将来ビジョンをきちんと構想することが必要で、その際に広域自治体としての福島県に期待すべき役割は小さくないと思います。国に注文を付けるのも大事ですが、原発誘致の誤りを教訓にしつつ、市町村をリードしながら自らの手で地域の将来設計を作っていってほしいと思います。

4. 県外の人に望むこと

このところ福島県の内部と外部とで原発事故・災害に関する認識に大きな違いが生じていることが大変気になります。原発を批判し、再稼働に反対する人たちの「福島認識」に違和感を覚える機会が多くなっています。そのことを率直に述べてみます。

まず第1に、偏見のない目で福島の現実を見てほしいことです。原子力発電はもともと政治的に論じられる傾向の強いテーマです。そしてひとたび事故や災害が生じるや、その傾向が非常に露骨な形で表面化します。今の福島をまるで地獄のように悲惨なイメージに染め上げようとする傾向が、反原発・脱原発サイドの一部に見られます。それは加害者を許せないとの強い思い、あるいは原発の危険性をできるだけ強調したいという意識の表れだと思います。しかし、とりわけ放射線被曝の健康被害に関しては「何もなかった」という形の決着を、当然のことながら福島県民は心から願っています。健康被害がなかったからといって原発事故の被害がなかったことにはなりません。たとえ健康被害が将来まったく現れなくても、事故による放射能が現に膨大な被害を地域社会に生んでいるのは誰の目にも明らかなのです。一部の人が言っているようにこれから放射線被曝で何万もの人が死ぬようなことが仮にあれば、確かに

「原発やめろ」の運動は大きく盛り上がるでしょうが、「健康被害が出ないと原発をなくすことはできない」と考えている人たちがいるとすれば、それは少なくとも県民の心情とは大きくズレています。放射線による健康被害の有無ないし大小の問題と、原発の是非の問題とは切り離して論じなければなりません。（その点が、病気そのものが被害の内容をなしている水俣病のケースとは根本的に異なっているところです。）そうでないと、脱原発のために福島の子どもたちの健康被害を待ち望むような、ゆがんだ発想に陥ってしまいます。

第２には、その健康被害の問題についてです。福島県が大規模な県民健康調査を実施しており、甲状腺検査が一巡して現在二巡目に入っています。調査の内容と結果をここで詳しく紹介するものではありませんが、まずもって私が強調したいのは、この調査はぜひとも成功させなければならないということです。周知のとおりこの健康調査に関してはマスコミ等からいろんな批判が浴びせられており、その信頼性に疑問を持つ人が少なくありません。脱原発サイドには頭から「信用できない」と断ずる人が多いようです。しかしこの調査の信用が落ちることで利益を得る福島県民など１人もいない、というのが私の考えです。どうせ事故の影響を過小評価する意図で臨んでいるのだろう、結論は最初から用意されているに違いないといった見方が根強くあるとすると、調査の結果如何にかかわらず、結局「真相は藪の中だ」という形で、評価をめぐる政治的な論争がいつまでも終わらない恐れがあります。そうなってしまって苦しむのは、ほかならぬ被害者たちです。調査への批判は必要だと思いますが、それはあくまでも政治的な立場を離れた客観的かつ科学的な見地からの批判でなければなりません。

さてその上で、現在までに明らかになっている健康調査の結果をどう見るかです。一番注目されている子どもの甲状腺がんについてだけ簡単に触れておきます。現時点で合計 104 人の子どもが甲状腺がん、あるいはその疑いありとされています。「百万人に１～２人」と言われている小児甲状腺がんが29万人弱の調査でこんなに発見されるのは明らかに異常だとの見方が広がっています。その当否を判定する基準はいくつかあります。第1に患者個々人の放射性ヨウ素被曝線量、第2に患者の地理的な分布と被曝線量のそれとの相関、第3に患者の年齢構成、第4に被曝から発症までの時間すなわち潜伏期間、といった物差しが考えられるでしょう。それぞれについて言えることはありましょうが、私が一番重視したいと思うのは患者の年齢構成です。ベラルーシのケースでみると患者は明らかに低年齢層で多く発生していて、4歳以下が3分の2を占めています。それに対し福島では5歳以下の患者は皆無で、患者の年齢別の出方が全く違っています。

百万人に何人という数字が「1年間にどれだけ患者が出現するか」を表すものであるのに対し、今回明らかになったのは「全数調査をしたらどれくらい見つかるか」を示すもので、両者はまるで意味が違います。いろんな状況証拠から判断して、「今見つかっている甲状腺がんは放射線被曝によるものとは考えにくい」との県立医科大学の見方は間違っていないと私は考えます。疫学調査の限界を持ち出して「まだ分からない」との評価をする人はいると思いますが、「分かった」ことを確認し、少しずつ積み重ねていかないと被害者のストレスはなくなりません。また、「そういう評価は政府や電力を有利にする」と言う人もおられるかもしれません。それこそ政治主義的な偏向で、科学的な態度とはいえないでしょう。

第3に言いたいのは、低レベル放射線への対処は「理論」でも「モラル」でもなく何よりもまず「生活」の問題であるということです。そのことをチェルノブイリから学ぶべきだと思います。食品について「ゼロベクレルでなければ承服できない」と言う人がいます。自然放射線は仕方がないとしても、事故によってそこに追加される放射線を浴びるのは、それがいかに微小な量であったとしても理不尽で許しがたいという気持ちは分からないでもありません。しかし現に事故が起こってしまい放射能がばらまかれてしまった以上、低線量放射線と折り合いをつけて生きるほかなくなってしまったのはどうしようもない現実です。私たちは平生からいろんなリスクと共存しながら暮らしています。あらゆる人工的なリスクを拒否していたら文明生活はなりたちません。低線量放射線よりもはるかに大きなリスクを私たちが許容しながら生きていることは、タバコや自動車の例を見ても明白です。あってはならない事故が起こってしまった以上、その災害にどう対処するかは理屈よりも生活の問題です。とりわけ福島県民にとってそれは避けて通れない厳しい現実なのです。

第４に、前述した中間貯蔵施設の問題です。「放射能を拡散させるな」「放射能は発生地点に封じ込めるべきだ」という声があります。福島県内においても、除染廃棄物は双葉郡に集中処分してほしいと考えている人は多いでしょう。この件は、言ってみれば、高レベル放射性廃棄物の処分問題の形で早くから存在していたテーマのバリエーションにすぎません。古い話なのです。高レベル放射性廃棄物処分場の立地選定は周知のとおり全く目処が立っていません。政府は全国公募しましたが、どこかの首長が手を挙げようとするや否や袋叩きになるのが現実で、一向に前進がありません。今度の低線量廃棄物の貯蔵・処分問題は、日本人が核のゴミ問題を民主主義的に片づける能力があるかどうかを試す試金石だと言えるでしょう。福島の中間貯蔵施設問題は、国民的課題としてみんなが当事者意識をもって受け止めるべきだというのが私の意見です。一部の国民に犠牲を押し付けて良しとする精神風土をこの際改める覚悟で臨まないと、この種の問題は決して解決できないと思います。

第５に、福島の現実は「原発誘致による地域発展」の戦略が虚妄であることを実証したものです。原子力立地地域の政治家や住民に、このことを肝に銘じてほしいと思います。原発の誘致は一時的には地域に経済的な利益をもたらします。それは決して小さくない利益で「恩恵」とさえ意識されてきました。しかしひとたび大事故が起こればすべて水泡に帰すばかりか、地域は回復不能なダメージを受けることが目の前の現実になったわけです。それだけではありません。福島の事故は不幸中の幸いでそこまで行きませんでしたが、仮にチェルノブイリ級の被害が発生していたとしたら、それこそ国の存立が危うくなるような事態にまで至っていたかもしれないのです。自分の地域の利害だけで原発を語ることは許されない、というのが今回の事故の教訓の１つです。

（補論）原発事故の責任問題をどう考えるか

金沢での原発シンポジウムでは、福島原発事故の責任を巡って若干のやり取りがありました。いわゆる原子力ムラにもっぱら責任を帰する傾向が強いのですが、私は少し違う考え方をもっています。以下、問題提起としてお読みいただきたいと思います。

避難させる責任ということ

福島原発の大事故およびそれがもたらした大災害は、まさに世界史的な意味をもつものと私は考えています。しかしより正確には、世界史的な意味をもつ「はずだ」と言うべきでしょう。今回の原子力災害にどれだけの歴史的な意味をもたせ得るか、それはわれわれの思考力と行動次第です。

津波の被害は誰の目にも明瞭です。ＴＶで繰り返し流された恐るべき映像群とともに、２万に達しようとする犠牲者の数が、被害の質と量を具体的に物語っています。これに対し原発事故では、水素爆発で破壊された原子炉建屋のイメージは共有されているものの、それは「東京電力の被害」を表しているだけであり、それがもたらした巨大な住民被害の姿を表してはいません。それどころか「放射能ではまだ誰も死んでいない」という見方が当たり前のように受け入れられています。

放射能ではまだ誰も死んでいないという言い方に対しては、「まだ」

という点にこだわって、将来どれだけの健康被害が生じるか分からないことを問題にする人は少なくありません。しかし私は「誰も死んでいない」ということ自体が事実でない点を強調したいと思います。いわゆる震災関連死の存在です。被災県の中で福島県の震災関連死が突出して多いのはなぜなのか、理由は問うまでもありません。原発事故の放射能汚染が引き起こした膨大な住民避難がその原因です。確かに直接的な放射線被曝で亡くなった人は（現場作業者を含めて）まだいないでしょう。しかし避難の途中で、あるいは避難生活の中で命を落とした人が1,700人を超える（自殺者もいる）という事態を、放射能を抜きにして説明することができないのは自明です。そしてこの犠牲者の数は今なお増加しつつあり、今度の原子力災害がまさに現在も進行中であることを明らかに示しています。

この多数の犠牲者を生み出した責任は誰が負うべきでしょうか。言うまでもなく原発事故がなければ生じえなかった犠牲ですから、事故を発生させた電力会社（東京電力）に第一義的な責任があるのは当然です。ただ、警戒区域や計画的避難区域を設定して住民に避難を強いたのは政府です。その判断がひょっとして間違っていたとしたらどうでしょう。科学的な見地からしてそれがもし不必要な避難を含んでいたとしたら、１千人を超える関連死をもたらした責任の一部を、政府が問われなければならない理屈になります。

むろん私自身は避難を不必要だったと考えているわけではありません。避難あるいはその基準の設定という行為が非常にデリケートな責任問題をはらんでいる点を指摘したいのです。避難という行動に大きな犠牲が伴うことは上の関連死問題を見れば明らかであって、よく言われる「避難させなかった責任」とともに「避難させた責任」も現実に存在します。しかもこの問題は過去に行われた対策の是非論にはとどまらない広がりをもっています。いま課題になっている「帰還」をめぐって、これからも議論しなければならないきわめてリアルな問題なのです。

総選挙が示した「国民の選択」

さて福島原発事故そのものの責任論を俎上にのせてみましょう。拙著『原発になお地域の未来を託せるか』(2011年、自治体研究社刊)で、私は「東電4割・政府3割・自治体2割・国民1割」という粗っぽい責任論を展開しました。もとよりこの責任負担割合を示す数字自体にさしたる根拠はありません。私が言いたかったのは、原発を誘致した地方自治体や一般国民も、責任の一端を担うべきだということです。

私はずっと前から「原子力発電は国民の選択だ」と思っています。1999年に出した『ＮＩＭＢＹシンドローム考』(東京新聞出版局刊)で私は、次のように書きました。

「現在の日本国民が原子力発電を消極的にではあれ受け入れている事実は否定できない。国民投票をやったとして、『不安だけれどもやめるわけにはいかない』という消極的容認論が多数を占めるであろうことは、世論調査から予想がつく。原子力発電はいろんな意味で未完成な、未熟な技術であるから、いまの段階では営業炉はとめるべきだと私は思っているが、私がそう叫んだとしても、それで現実は少しも変わるものではない。だとすれば私は、原子力との共存という『国民的選択』の中に我が身を置きながら、『いまここにある原子力といかに付き合うか』を考えるしかない。」

私はこのようにずっと思ってきましたので、福島事故が起きた途端にそれこそ全国民的な規模で「原子力ムラ叩き」が始まったことに対しては最初から違和感がありました。日本国民が原子力発電を消極的にであれ受容してきたことは紛れもない事実です。スリーマイル島原発事故があっても、またチェルノブイリの大惨事を目にしてすら、そうした現実は基本的に変わりませんでした。この点については「安全神話にだまされていた」という人が非常に多いのですが、だまされてきた者、無知であった国民にも責任はあります。これまで原発の危険性に警鐘を鳴らしてきた論者は少なからず存在しました。その声に耳を貸さなかったのは原子力ムラの住人だけではありません。

さらに言いましょう。「安全神話にだまされていた」ことに国民は本気で怒りを感じているのでしょうか。これまですっかりだまされてきた日本国民は、福島の惨事で今度こそ覚醒したと言えるのでしょうか。一昨年末の衆議院選挙の結果をみれば簡単にそんなことが言えないのは明らかです。安全神話が崩れたなどという見方こそが神話であることは、事故の起こった年の地方選挙の結果を見ればすでに明白でした（拙著『原発とは結局なんだったのか』2012年、東京新聞刊参照）。

福島原発事故の責任論については、福島在住の北村寧氏（放送大学福島学習センター前所長）の論考があります（『新明社会学研究』第15号）。そこでは小出裕章氏、高橋哲哉氏および私の著作を紹介しつつ、「国民の責任」を論じることの正当性と必要性が語られています。（ちなみに私の責任負担割合論に関して北村氏は、責任の内実を度外視して量的な比較をするのは妥当でないと、もっともな指摘をしています。）北村氏が結論として述べているのは、戦争責任と同様に原発事故の場合も、国民の責任は、過去の出来事への責任よりも未来に対する選択責任として語られるべきだという点です。この「未来責任」という観点はなるほど説得力があります。そこで、福島事故の記憶がまだ新しいはずの時点で行われた先般の衆議院選挙こそは、国民の未来責任を正面から問うものだったと言っていいのです。

自由民主党の圧勝という結果は確かに小選挙区制がもたらしたものに違いないし、国政選挙はシングル・イッシューの国民投票とは異なるのも事実です。多党分立状態の中で原発批判票が分散してしまった事情もあります。また福島県などでは投票率がかつてなく低く、少なからぬ有権者が投票をボイコットしたとの見方もできないことはありません。しかしだからといって、いくら「選挙が民意を反映していない」と強弁しても国民の結果責任は消えません。総選挙で原発問題が主要な争点にならなかったとしたら、それは国民の側の政治意識がそうさせたというべきです。日本国民の相対多数は福島事故を目の当たりにしてさえ依然として原子力発電を選択しているという「結果」を、あの総選挙は出してしまったのです。これは歴史的な事実として記憶されなければなりません。次なる大事故が起こったとき、「国民はだまされていた」といった議論は二度と通用しません。

政府の失敗と国民の責任

日本という国は、よく考えると不思議な国です。民主主義的な政治システムをもちながら「政府の失敗」を「国民の失敗」と認識する習慣がない。福島事故における日本政府の責任を口にしない人はいませんが、それが有権者である自分に跳ね返ってくるという意識を持っている人はきわめて稀であるように思えます。みんな、まるでひとごとのように政府を罵倒し攻撃しています。罵倒し攻撃している当の相手がほかならぬ「われらが選良」だという認識がほとんどないのです。

私はなにも、政府を批判するのが間違っていると言いたいのではありません。「政府の失敗」の責任は誰よりもまず為政者が負うべきは当然です。政治的責任はもとより、場合によっては刑事責任も問われてしかるべきです。しかし民主主義的な体制の下にあっては、政治家に向けた刃（やいば）は自身をも傷つける刃であるはずで、そのことに痛みを感じないのはおかしいと言いたいのです。

自国政府の失敗がもたらした災厄や損害に国民の責任が伴うことは、視野を国際的スケールにまで広げてみればすぐ分かります。今度の事故が海洋汚染を通じて地球規模の被害をもたらしたとして、それを「政府の失敗であり、国民に責任はない」などと言い張っても通用するはずがありません。「そんな政府＝政治家を選んでいるのはあなた方だ」と言われてしまうのが関の山です。

もっとも私のこうした論法に対しては、それは政府が国民の総意を当然に代表しているという誤った前提に立っているとの批判があるでしょう。民主主義とはいっても、それは支配階級の支配の手段に過ぎないとする階級国家論的な見方からすれば、政府は政府、国民は国民という片づけ方は間違ってはいません。これは国家論ないし政治学のテーマになるでしょうから綿密な考察が必要だとは思います。ただ現実に原子力政策に関しては、そのような片づけ方が国民にとって良い結果を導くとは私にはどうしても思えないのです。

私は、民主主義とは「自己統治の技術」だと考えています。自分で自分を統治するシステムが民主主義政体です。統治する主体も統治される客体も、ともに国民自身です（リンカーンの例のゲティスバーグ演説の意味する内容はまさにそれです）。もちろん民主主義にも発展段階があり、未熟な段階の民主主義も成熟した段階のそれもあります。そしてそれはそのまま、主権者として未熟な段階の国民と成熟した段階の国民に照応します。未熟な主体に支えられた民主主義の現実を、民主主義そのものの欠陥と同一視するのは正しくありません。思い切ってはっきり言うなら、「国民」あるいは「人民」といえば無条件に至高の価値を体現するものであるかのように考えるのは、青臭い盲目の国民観にすぎません。

事故責任論と戦争責任論

多くの福島県民がいま強く感じているのは、一種の孤立感です。福島は忘れ去られてしまうのではないか、結局なにも変わらないのではないかという絶望に似た感情を抱いている人が少なくないと思います。福島の惨状を知っている良心的な国民なら、犯人＝原子力ムラを吊るし上げ集団リンチを加えて、それで一件落着になってしまっていいとは考えないでしょう。しかし目の前の現実は、私にはそのような方向に向かっているように見えて仕方がないのです。

私は拙著（前掲『原発とは結局なんだったのか』）で、福島事故は国民の「自覚なき選択」と「怠惰な現実主義」の帰結だと書きました。原子力発電を結果的に選択していながら自らが選択してきたという自覚がない。代替エネルギーの実現可能性が実証されていないとの理由で新しいチャレンジを回避する。こうした国民一般の意識や性向が原子力発電をここまで拡大させてきた政治的・社会的背景です。そして福島原発災害こそは、そのような現状を打破する決定的な契機にならなければならないし、またそうなる可能性があると私は言いたかったのです。

原子力災害の責任問題は、第二次世界大戦における日本の戦争責任の問題と似ているところがあります。私自身は戦後の生まれなので戦争責任というものについて当事者意識をもって考えてきたわけではなく、東京裁判論などに文献を通して触れてきただけです。周知の通り、かの極東軍事裁判は一方的な「正義」の名の下に勝者が敗者を裁いたものだとの批判があります。裁いた側の手は汚れていなかったのかという疑問は、原子爆弾の投下に思いを致すだけでも当然に頭をもたげてきます。

ともあれ極東軍事裁判は7人の戦犯を死刑に、16人を終身刑に処すなどして一件落着となりました。しかし戦争責任の問題自体はそれで消滅したわけでは無論ありません。天皇の戦争責任から始まって前衛党(共産党)の戦争責任に至るまで、長期にわたる論争が続き、それは今でも決着していないと言うべきでしょう。福島原発事故の責任についても、もっと掘り下げて論じられるべきだと私は思っています。原子力ムラを断罪して終わりというのではあまりに安直な片づけ方です。いま東京電力の幹部や政府関係者を被告とする訴訟が提起されており、裁判そのものは意義があると思いますが、どういう観点や立場で責任を追及するのか、私はそこに関心があります。

私が言うような「国民の責任」論は、戦後間もなくラジオ放送で流されたといわれる一億総懺悔論と同じだと批判されるかもしれません。いわゆる一億総懺悔論の趣旨を私はよく知りませんが、そういった言説が登場した事情は分かるような気がします。国民の多くが積極的にせよ消極的にせよ戦争推進体制の一翼を担い、「だまされた」ことを含めて多かれ少なかれ戦争を支えてきたではないかと言いたかったのではないかと思います。その限りではそんなに間違った見方ではないでしょう。あの戦争を「一部政治家と軍部の責任」で済ませてしまえばよかったとは私は思いません。

いわゆる戦後民主主義とは一体何だったのかと、ときどき考えることがあります。権力を批判するのはいい。人民や民衆、あるいは国民や市民といった言葉に民主主義的変革主体としての理想を託すのも悪くはない。しかしわれわれはいつの間にか物事をシロとクロ、正義と悪、あっちとこっち、と単純に切り分ける発想に慣れ過ぎてしまってはいないでしょうか。かねて国民の間に流布している政治家・官僚蔑視の風潮にそれは表れているし、今度の原子力災害に際しても、粗暴で非生産的な「御用学者」攻撃が盛んです。

日本国民は福島原発災害を本当に教訓にできるかと問うてみるとき、私は楽観的な観測をすることができません。なにも選挙の結果だけを見てそう思うわけではありません。この歴史的災害に関する責任の論じ方が、そもそもの最初から、あまりに表面的で安直だと思えるからです。

最後に付言しますが、福島事故を引き起こしたそもそもの背景である原子力開発の歴史をたどれば、アメリカ合衆国の原子力平和利用戦略やそれと結びついた日本の政財界の動きから問題の「本質」を浮かび上がらせることができると言う人は少なくないでしょう。そういった背景や経緯を見ずに「国民の責任」を情緒的に論じるなどは一面的で、単純素朴にすぎるとの批判は当然あると思っています。しかしそのような批判がありうるのを承知の上であえて単純素朴な議論を提起したのは、今度の事故を国民が本当に主体的に、自らの試練として受け止めることが、百の論文を読むよりも大事だと思うからです。

第3章 放射能汚染の現状と住民の被曝低減に向けて

野口邦和

１．放出された放射性核種の種類と量

福島第一原子力発電所の炉心溶融事故（以下「福島原発事故」）直後の土壌など各種環境試料中のセシウム137（半減期30.1671年）とセシウム134（同2.0648年）の放射能比は、ほぼ１対１でした。これは福島原発事故直後の１～３号機内に存在していたセシウム137とセシウム134の放射能比がほぼ１対１であったことを意味します。因みにチェルノブイリ原発事故では、セシウム137とセシウム134の放射能比はほぼ２対１でした。セシウム137は核分裂生成物ですが、セシウム134は核分裂生成物である安定核種セシウム133の中性子捕獲反応により生成する誘導放射性核種です。長時間運転するほど、セシウム137に対するとセシウム134の放射能比は増えていきます。それ故、福島第一原発１～３号機の核燃料は、かなり長時間運転（平均すると約２年）したものであることがわかります。

福島原発事故により大気中に放出された主な放射性核種は、放射性希ガスのキセノン133（同5.2475日）とヨウ素131（同8.02070日）、ヨウ素132（同2.295時間）、ヨウ素133（同20.8時間）などの放射性ヨウ素、セシウム134、セシウム136（同13.16日）、セシウム137などの放射性セシウム、テルル129m（同33.6日）、テルル132（同3.204日）などの放射性テルルです。ヨウ素、セシウム、テルルといえば代表的な揮発性元素です。大気放出量は、日本原子力研究開発機構（JAEA）の

研究グループなどにより１～３号機の炉心損傷の程度から放射性核種別に推定されています。また、環境中の放射性核種濃度からも拡散シミュレーションに基づいて推定されています。

2014年４月に発表された「原子放射線の影響に関する国連科学委員会」（UNSCEAR）2013年報告書は、信頼性が高いと考えられる16機関・研究グループの放出量の推定値を取りまとめています。その概要を表１と表２に示しました。これによれば福島原発事故による大気放出量は、ヨウ素131が100～500ペタベクレル（１ペタベクレル＝10^{15}ベクレル＝1000兆ベクレル）、セシウム137が６～20ペタベクレルの範囲内にあります。ヨウ素131とセシウム137の大気放出量は、原子炉緊急停止時点における１～３号機の炉内放射能量のそれぞれ２～８％と１～３％ほどになります。1986年４月のチェルノブイリ原子力発電所の暴走事故における大気放出量と比較すると、ヨウ素131はおよそ10分の1、セシウム137はおよそ５分の１と推定されています。海洋への直接放出量はヨウ素131が約10～20ペタベクレル、セシウム137が３～６ペタベクレル、海洋への間接放出量はヨウ素131が60～100ペタベクレル、セシウム137が５～８ペタベクレルと推定されています。大気中への放出は現在も続いていますが、大部分は2011年３月末または４月初めまでに大気中に放出されたと評価されています。このうち２～３割が日本の陸上、７～８割が海洋に降下・沈着したと東京海洋大学大学院教授の神田穣太らの研究グループにより推定されています。海洋への放出も現在まで続いていますが、2011年６月以降の総放出量は、同年５月末までの放出量のおよそ１％以下と推定されています。

大気から陸上に降下・沈着した放射性セシウムの一部は現在も、河川を経由して海洋に流出されています。また、福島第一原発からも取水口や放水口を通じて海洋に放出されています。しかし、海洋の汚染が拡大しているかといえば、福島県沖の魚介類の放射性セシウム濃度を見る限り、決してそうではありません。現在の福島県沖の魚介類の汚染の99

表１　福島原発事故によるヨウ素131とセシウム137の放出量(単位:ペタベクレル)

放射性核種	炉内放射能量	大気放出量	海洋放出量	
			直接的放出	間接的放出
ヨウ素131	6,000	100 ～ 500	約10 ～ 20	60 ～ 100
セシウム137	700	6 ～ 20	3 ～ 6	5 ～ 8

（注）UNSCEAR2013年報告書附属書Ａの表３より転載。海洋放出量のうち「間接的放出」とは、大気中に放出された後に海洋に降下・沈着したものを意味する。

表２　大気中に放出された主な放射性核種

放射性核種	半　減　期	大気総放出量(ペタベクレル)
テルル132	3.204日	29
ヨウ素131	8.02070日	120
ヨウ素132	2.295時間	29
ヨウ素133	20.8時間	9.6
キセノン133	5.2475日	7,300
セシウム134	2.0648年	9.0
セシウム136	13.16日	1.8
セシウム137	30.1671年	8.8

（注）UNSCEAR2013年報告書附属書Ａの表２を野口が一部改変。

％以上は、事故直後の５月までに海洋に直接放出された放射性セシウムによるものです。もちろん福島第一原発から取水口や放水口を通じた放射性セシウムなどの海洋放出は決して好ましいことではなく、早急に放射性セシウムなどの放出を停止する措置を講じなければなりません。

茨城県東海村にあるJAEA（事故現場から南115km)、同県つくば市にある高エネルギー加速器研究機構（同南165km)、千葉市にある日本分析センター（同210km）などで事故直後に観測された空間線量率（放射性核種別）を見ると、表２に記された放射性核種が主に大気中に放出されたことが分かります。これらのうち短半減期の放射性核種はすでに消滅しており、環境に現存する放射性核種は、ほぼセシウム137とセシウム134に限られます。

チェルノブイリ原発事故では原子炉が暴走した結果、原子炉容器に相当する圧力管が破壊され、放射性希ガス、放射性ヨウ素、放射性セシウム、放射性テルルに加え、本来なら漏洩しにくい放射性ストロンチウムが約4.5%、不揮発性のプルトニウムが約2.0%など、多くの放射性核種が原子炉内の平均3～4%も大気中に放出されました。国際原子力事象評価尺度（INES）でともに同じ「レベル7（深刻な事故）」と評価されているとはいえ、チェルノブイリ原発事故と主に放射性希ガスと揮発性核種が大気中に放出された福島原発事故とのこうした違いを軽視すべきではありません。

事故直後の3カ月間の初期被曝（主に甲状腺の内部被曝）線源としては主にヨウ素131、ヨウ素131がほぼ消滅した3カ月後からおよそ10年間の被曝線源としては主にセシウム137とセシウム134、事故後10年以降の長期的被曝線源としては主にセシウム137が重要な放射性核種となります。事故後20年間の放射性セシウムの放射能と空間線量率の経時変化をそれぞれ図1と図2に示しました。

外部被曝との関係では図2の空間線量率の経時変化が重要になりますが、図2から明らかなように、空間線量率は事故3年後におよそ5割、7年後におよそ3割に減少し、10年後に4分の1以下、20年後には6分の1にまで減少します。図2はセシウム137とセシウム134の放射性壊変にもとづく減衰のみを考慮したものです。海洋の汚染は無尽蔵ともいえる海水による希釈拡散や海底堆積物への移行が期待できるのに対し、陸上ではそのような効果はいっさい期待できません。しかし、陸上では降雨・降雪などによる放射性セシウムの流失・移行、いわゆるウェザリング効果による空間線量率の減少が期待できるため、実際には図2よりも速く減少するはずです。この点は筆者が放射能健康リスク管理アドバイザーを務めている福島県本宮市で15歳以下の子どもと妊婦およそ4000名に対して2011年9月からずっと実施している、ガラスバッジによる外部被曝線量の測定結果からも確認されています。その測定結果によれば、外部被曝線量はこの2年間で平均およそ40%に低減してい

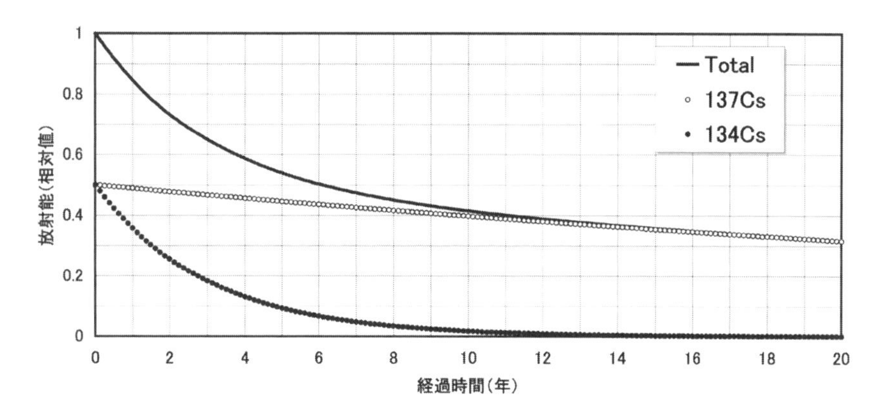

図１　事故後 20 年間の放射性セシウムの放射能（相対値）の経時変化

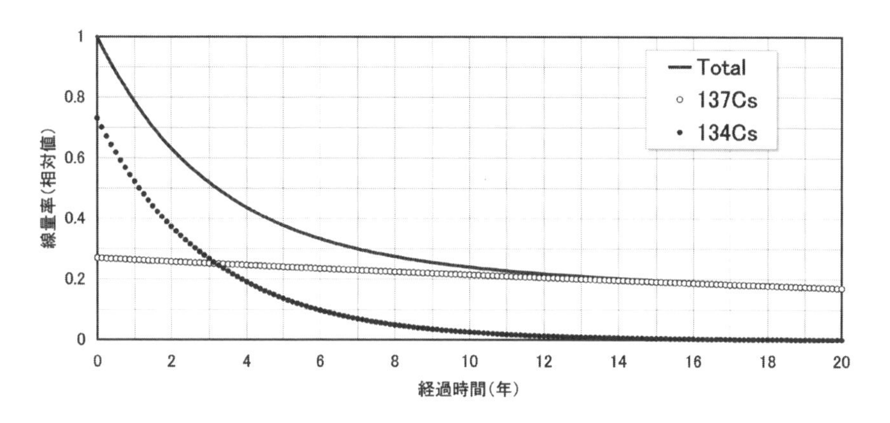

図２　事故後 20 年間の放射性セシウムによる空間線量率（相対値）の経時変化

ます。もちろん陸上ではウェザリング効果による線量低減が期待できるとはいえ、環境放射線モニタリングやホットスポット地域における住民の外部被曝線量の測定は今後も継続されなければならないと思います。

２．陸上のストロンチウム 90 とプルトニウムは無視できる

少し重複するかも知れませんが、福島原発事故では、陸上のストロンチウム 90（半減期 28.79 年）とプルトニウムは無視できます。食品の

放射能検査において未だに「ベータ線を放出するストロンチウム90を測定していない」「アルファ線を放出するプルトニウムを測定していない」などと言って同検査の信頼性に疑問を呈する人びとがいるのですが、事故から4年目に入った現在、現実に生じている汚染の実情を見ない妄言と批判せざるを得ません。

先ずはストロンチウム90について検討します。2011年9月、文部科学省は同年6～7月に大阪大学、筑波大学、東京大学などに所属する研究者らが福島第一原発から80キロメートル圏内の100箇所で採取した表土（深さ0～5 センチメートル）の放射性ストロンチウムとプルトニウムの分析結果（単位は1平方メートル当たりのベクレルで、沈着量を意味する）を発表しました（2012年9月12日）。分析したのは日本分析センターです。文部科学省が以前に発表したセシウム137と今回のストロンチウム90の分析結果を図3に示しました。文部科学省が発表した図では相馬市の1地点のストロンチウム90のデータが桁違いに高かったため、幸い1地点について5個の土壌試料を採取してあったことから、残りの4試料について改めて分析を行いました。その結果、2試料は検出限界以下であったものの、2試料はストロンチウム90が検出され、ストロンチウム90はもとの値の数十分の一にまで下がり、他の地点のデータとほとんど変わらなくなりました。相馬市の1地点のストロンチウム90のデータがなぜ桁違いに高く出たのかについての原因は不明ですが、煩雑になるため、図3中ではこの相馬市の1地点のデータについては削除しました。

図3は両軸が対数目盛になっているグラフで、このようなグラフを初めて見る読者が多いと思いますので、見方を簡単に説明しましょう。図中の直線 $y = 0.001X$ 上に実測値があると、ストロンチウム90はセシウム137の1000分の1の沈着量であることを意味します。この直線よりも下に実測値があると、ストロンチウム90はセシウム137の1000分の1より少ない沈着量、反対にこの直線より上に実測値があると、スト

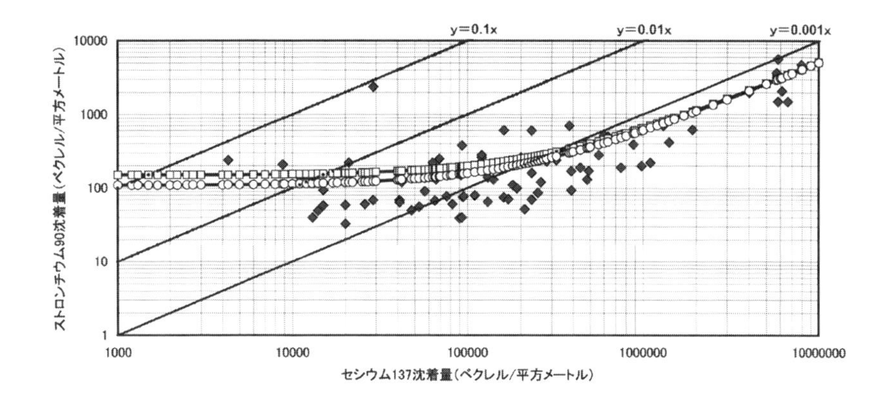

図３　半径 80 キロメートル圏内のセシウム 137 とストロンチウム 90 沈着量の関係

ロンチウム 90 はセシウム 137 の 1000 分の 1 より多い沈着量、であることを意味します。

図３を見ると、セシウム 137 沈着量が 1 平方メートル当たり 400 万～800 万ベクレルという非常に高い地域（浪江町や大熊町など福島第一原発近傍）では、ストロンチウム 90 はセシウム 137 の 1000 分の 1 ～6000 分の 1 の沈着量であることが分かります。セシウム 137 沈着量が 1 平方メートル当たり 40 万～ 800 万 ベクレルの範囲の地域では、実測値はすべて直線 y = 0.001x より下に位置します。ところがセシウム 137 沈着量が 1 平方メートル当たり 4 万～ 40 万 ベクレルの範囲の地域になると、実測値は直線 y = 0.001x の上下に位置します。遂にはセシウム 137 沈着量が 1 平方メートル当たり 4 万 ベクレル以下の地域（福島第一原発から遠距離）になると、実測値はすべて直線 y = 0.001x より上に位置するようになり、直線 y = 0.01x より上に位置する実測値もいくつか現れます。揮発性と不揮発性の中間の元素であるストロンチウムは、揮発性元素であるセシウムより遠くまで運ばれにくいと考えられます。要するに、遠距離になるほどセシウム 137 に対するストロンチウム 90 沈着量比は低くならなければならないのです。ところがそうは

ならずに、遠距離になるほどセシウム137に対するストロンチウム90沈着量比は高くなるのです。これは何を意味するでしょうか。

筆者には、セシウム137沈着量が1平方メートル当たり数十万ベクレル以下では、セシウム137沈着量に拘わりなくストロンチウム90沈着量はほぼ一定であるように見えます。環境放射能の専門家であれば、容易に原因を推測できるはずです。原因は、過去の大気圏内核実験によるフォールアウト（放射性降下物）の影響によるものです。この点を確認するため、次のような試算をしてみました。福島原発事故の起こる前年（2010年）に文部科学省が発表した日本国内48地点（47都道府県に対応しているが、沖縄県のみ2地点）の表土中のセシウム137とストロンチウム90の放射能濃度（1キログラム当たりのベクレル）を用い、ストロンチウム90が検出限界以下であった8地点を除く40地点のセシウム137とストロンチウム90の平均濃度をそれぞれ算出し、65倍して沈着量（1平方メートル当たりのベクレル）としました。文部科学省によれば、土壌密度を1立方センチメートル辺り1.3グラムとすれば、深さ5センチメートルまでの表土質量は1平方メートル当たり65キログラムとなるため、放射能濃度を65倍すると沈着量に変換できます。土壌密度の1.3は少し大きいように思いますが、文部科学省がこのように換算して沈着量を算出しているのであれば、同様に換算しないと相互比較できません。このようにして算出した日本国内40地点のセシウム137とストロンチウム90の平均沈着量は1平方メートル当たり831ベクレルと109ベクレルとなりました。これが大気圏内核実験フォールアウト由来の沈着量です。図3中の右端の7つの実測値は福島原発事故の影響を強く受けているため大気圏内核実験の影響を無視できると仮定すれば、福島原発事故によるストロンチウム90の沈着量はセシウム137の平均2000分の1ほどです。こうして求めたのが図3中の○印で結んだ曲線です。

一方、2010年の福島市の表土中のセシウム137とストロンチウム90

の放射能濃度から上記と同様に沈着量を算出すると、セシウム137とストロンチウム90の沈着量は１平方メートル当たり1040ベクレルと150ベクレルになります。これを使って求めたのが図３中の□印で結んだ曲線です。いずれの曲線も図３中の実測値を非常に良く再現しています。

この試算結果から明らかなように、セシウム137沈着量が１平方メートル当たり数十万ベクレル以下では、ストロンチウム90の沈着量のほとんどは過去の大気圏内核実験フォールアウトに由来することは明らかです。それ故、福島原発事故においては、陸上では福島第一原発のごく近傍を除けば、ストロンチウム90の沈着量は過去の大気圏内核実験フォールアウト由来のストロンチウム90の沈着量と大きな違いはなく無視できます。実際、文部科学省の「環境放射能水準調査」によれば、47都道府県における1999～2008年の10年間のストロンチウム90の沈着量は、１平方メートル当たり平均82.1ベクレル（範囲は2.3～950ベクレル）です。

一方、海洋では陸上とは異なる可能性があります。福島県沖の海洋の汚染の大部分は2011年３～５月に高濃度汚染水が海洋に直接放出されたことに原因すると考えられ、遺憾ながら高濃度汚染水中のストロンチウム90濃度は未発表であるからです。しかし、分析試料の数はきわめて限られているとはいえ、これまでに発表されている福島県沖の海水や魚介類中のストロンチウム90濃度を見る限り、多くは検出限界以下であり、検出されたストロンチウム90はセシウム137の最大でも70分の１、多くは100分の１以下であることから判断すると、陸上同様に海洋においてもストロンチウム90は無視できると思います。とはいえ、福島県沖の海水や魚介類については依然としてストロンチウム90濃度の実測値がきわめて少ないことは確かであり、測定の充実を求めていくことが必要です。

次に、プルトニウムについて検討します。文部科学省が発表した資料（2011年９月30日）によれば、半径80キロメートル圏内で採取された表土のプルトニウムの分析を行った結果、検出された沈着量の最大値は1平方メートル当たりプルトニウム238（半減期87.7年）が4.0ベクレル（浪江町）、プルトニウム239＋240（同プルトニウム239：2万4110年、プルトニウム240：6564年）が15ベクレル（南相馬市）でした。プルトニウムはセシウム137やストロンチウム90同様に過去の大気圏内核実験フォールアウトにも含まれます。

文部科学省の「環境放射能水準調査」によれば、47都道府県における1999～2008年の10年間の沈着量は、1平方メートル当たりプルトニウム238が平均0.498（範囲は検出限界以下～8.0ベクレル）でした。プルトニウム239＋240が平均17.8ベクレル（範囲は検出限界以下～220ベクレル）で、福島第一原発の半径80 km圏内の土壌で検出された表土の最大値15ベクレル（南相馬市）より高い値でした。文部科学省によれば、大気圏内核実験由来のプルトニウム239＋240に対するプルトニウム238沈着量比は全国平均で0.0261（範囲は0.015～0.12）になります。

核分裂連鎖反応の継続時間が1000万分の1秒ほどの核実験とは異なり、原子炉では核分裂連鎖反応が長時間行われます。この結果、燃料中のウランから生ずるプルトニウム239＋240に対するプルトニウム238の放射能比は、核実験と原子炉ではかなり異なります。この放射能比は、核分裂連鎖反応の継続時間が短いと小さく、核分裂連鎖反応の継続時間が長いと大きくなります。上述したように大気圏内核実験由来のプルトニウム239＋240に対するプルトニウム238沈着量比の範囲（0.015～0.12）を大きく超える実測値が福島第一原発近傍の5つの表土から検出されています。また、同原発近傍の1つの表土からは、プルトニウム238のみが検出されています。したがって、福島原発事故によりプルトニウムが大気放出されたことは間違いのないことですが、その沈着量は同原発近傍であっても過去の大気圏内核実験由来のプルトニウム沈着量と大きな違いはなく、既に述べたストロンチウム90の場合同様に、福島原発事故においては陸上ではプルトニウムは無視できると考えてよいと思います。それなら海洋ではどうかといえば、核燃料中のプルトニウムは不溶性の酸化物の状態で存在しており、高濃度汚染水中にはほとんど溶出していないと考えられるため、陸上の場合同様に問題にはならないと思います。

３．汚染と除染の現状　－安心・安全に住み続けるために－

福島原発事故によって汚染された福島県内外の広大な地域の除染事業は、「平成23年３月11日に発生した東北地方太平洋沖地震に伴う原子力発電所の事故により放出された放射性物質による環境の汚染への対処に関する特別措置法」（放射性物質汚染対処特措法）にもとづいて実施されています。同法は、国がその地域内にある廃棄物の収集・運搬・保管および処分を実施する必要のある地域を「汚染廃棄物対策地域」、国が土壌等の除染等の措置を実施する必要のある地域を「除染特別地域」、当該市町村等がその地域内の事故由来放射性物質による汚染の状況について重点的に調査・測定することが必要な地域を「汚染状況重点調査地域」として、環境大臣が指定できるとしています。

「汚染廃棄物対策地域」と「除染特別地域」は同一地域であり、事故直後の2011年４月に指定した旧「警戒区域」（福島第一原発から半径20キロメートル圏内の陸上）と旧「計画的避難区域」（事故後１年間の追加被曝線量が20ミリシーベルトを超えるおそれのある地域）に相当し、福島県内の11市町村（楢葉町、飯館村、葛尾村、浪江町、大熊町、富岡町、双葉町の全域と、田村市、南相馬市、川俣町、川内村の一部地域）が指定されています。現在は、避難指示区域の見直しにより、「帰還困難区域」（事故後１年間の追加被曝線量が50ミリシーベルトを超え、５年を経過しても追加被曝線量が年20ミリシーベルトを下回らないおそれのある地域）、「居住制限区域」（追加被曝線量が年20～50ミリシーベルトで、引き続き避難の継続を求める地域）、「避難指示解除準備区域」(追加被曝線量が年20ミリシーベルト以下となることが確実であると確認された地域)に再編され、それぞれ除染事業が実施されています。「汚染状況重点調査地域」は、福島県内の40市町村を含む8県100市町村が指定されています。要するに、福島原発近傍の「除染特別地域」に該当する11市町村の除染は国の直轄、その他の「汚染状況重点調査地域」に該当する市町村の除染は当該市町村の直轄で行われます。紛うことなく世界に類例のない大規模な除染事業です。

「除染特別地域」の除染は、「帰還困難区域」についてはJAEAが除染モデル実証試験を行っています。除染モデル実証試験の結果を踏まえて、国は今後の対応の方向性を検討するとしています。「居住制限区域」と「避難指示解除準備区域」については、除染事業を受注した大手ゼネコンすなわち大日本土木や大成建設などのJV(ジョイント・ベンチャー=共同企業体)が除染を行っています。「避難指示解除準備区域」については2013年8月末までに、2011年8月末時点と比較して50%低減した状態を実現させ、長期的には年1ミリシーベルト以下をめざす、「居住制限区域」については2014年3月末までに年20ミリシーベルト以下をめざす、としています。なお、暫定的な評価では、2013年8月末までに2011年8月末時点の61%の低減を達成したと環境省は発表しています。

「汚染状況重点調査地域」の除染は、各市町村がそれぞれ策定した除染実施計画に基づいて行っています。中通り地方では、放射性物質汚染対処特措法が成立する前から生活上の必要に迫られ、2011年4～5月以降から同年秋までの間、学校の校庭や保育園・幼稚園の園庭の除染を行いました。大気中に放出された放射性物質(放射性希ガスを除く)は重力や降雨・降雪により地表に降下・沈着しており、地下深く汚染されていないことが分かっていたため、表土を5センチメートル剥ぎ取った汚染土を校庭・園庭の中央や隅に埋めました。実際の汚染は5センチメートルより浅いところにありましたが、汚染土の重量が増えるのを承知の上で、安全を見込んで５センチメートル剥ぎ取ったわけです。校庭と園庭から除染したのは、各自治体ともに子どもの生活圏の除染を最優先に考えたからです。

2011年秋以降、子どもを含む不特定多数の人びとが利用する公園や公共施設の除染、次いで宅地、農地、道路・街路樹などの除染が進められています。農地のうち水田については、セシウムと化学的性質のよく似たカリウム肥料を蒔いたり、セシウムを強く吸着するゼオライトを蒔いたりして、経根吸収を抑制する対策が取られています。畑地では反転耕や深耕も行われています。森林の除染も行う計画ですが、現在まで除染されたのは住宅や生活圏との距離が近い一部の場所に限られています。森林には人が居住しているわけではないため除染の優先順位は低く、まだ手を着けられないでいる状態です。

「汚染状況重点調査地域」の除染は、宅地も含め基本的は各市町村が行いますが、自治体によっては住民と協力して行うこともあります。空間線量率の比較的低い地域の住居周辺や生活空間の除染を早期に実現するためには、住民の協力が必要だからです。もちろん高線量率の場合には、専門業者が除染を行っています。いずれにせよ除染により住居周辺や生活空間の線量率を低減させ、長期的には年１ミリシーベルト以下をめざすという除染目標を環境省は掲げています。

しかし、平常時の状況における一般人の線量限度（線量上限値）の国際勧告値が年１ミリシーベルトであることを考えると、長期的には年１ミリシーベルト以下をめざすというだけでは、環境省は何も言っていないのと同じではないでしょうか。事故現場から数十キロメートル離れた県北・県中・県南など中通り地方の市町村は、既に事故時（緊急時）の状況を脱しています。それなら平常時の状況にあるかといえば、決してそうではありません。程度の差はあれ汚染された陸上や建物などが現存し、住民は事故直後からずっと平常時を上回る追加的な被曝を強いられているからです。これらの地域では、平常時の状況をめざした線量低減化の途上、いわば復旧・復興期の状況にあります。国際放射線防護委員会（ICRP）流にいえば、「現存被曝状況」に相当します。

中通り地方では年5ミリシーベルトを超えるような地域はほとんどなくなっていますが、年1ミリシーベルトを超える地域はまだ少なからずあります。その意味では長期的には年1ミリシーベルト以下をめざすとしても、たとえば今年は最低限5ミリシーベルト以下にする、来年は3ミリシーベルト以下にするといった当面する具体的な数値目標を環境省は提示し、その達成を着実にめざすべきではないでしょうか。ICRPは、放射線源が管理された状況にない「緊急時被曝状況」と「現存被曝状況」においては一般人には「計画被曝状況」（要するに平常時における被曝状況）において設定されている線量限度（年1ミリシーベルト）を適用せず、「参考レベル」を設定するように勧告しています。参考レベルは線量限度のような一律の値ではなく幅をもたせ、「緊急時被曝状況」においては年20～100ミリシーベルト、「現存被曝状況」においては年1～20ミリシーベルトの範囲を勧告しています。参考レベルは、被曝線量を合理的に達成できる限り低くするという線量低減の原則的考え方に基づいて、行政がその時どきの状況に応じて防護措置を講ずるための目安であり、そのレベルを超えると予想される人びとに対して行政が優先的に防護措置を講じて、そのレベルより低い被曝線量をめざすために設定されるものです。

「現存被曝状況」の下では、前述したように行政がその状況に応じた参考レベルを設定し、住民の防護措置を講ずる必要があります。しかし、「長期的には年1ミリシーベルト以下をめざす」と言いながら、環境省が住民の線量制限のために参考レベルを年1～20ミリシーベルトの中でいくつに設定するかを明確にしていないことが、除染をめぐる現在の混乱の原因のひとつであるように筆者には思えます。

除染をめぐる今ひとつの混乱の原因は、「福島に住んではいけない」「福島は取り返しのつかないまでに汚染された」「除染しても数値がもとに戻る」などと発言し、除染を否定的に描き出す人びとがいることです。漫画『美味しんぼ』「福島の真実」編において実名で登場する元双葉町長や福島大学准教授もこうした発言を繰り返しています。そもそも福島県には県北・県中・県南・会津・南会津・相双・いわきの地域区分があり、また同じ相双地域でも避難指示区域と非避難指示区域があり、それを一緒くたに「福島」と呼ぶことに筆者は大きな違和感を覚えます。あまりに雑駁であり、あまりに政治的に過ぎます。県南・会津・南会津・いわきは現在でも福島原発事故以前と同様に十分に安全に安心して住める地域です。また、県北・県中・避難指示区域に含まれない相双も福島原発事故以前と同様に十分に安全に安心して住むことのできる地域です。もちろん県北･県中などでは少し高い空間線量率の場所があります。

たとえば県北地域の中でも伊達市は空間線量率の高い自治体として知られています。同市内では事故調後、128 世帯が「特定避難勧奨地点」に指定されました。2012 年 12 月に同市内の「特定避難勧奨地点」は指定解除されていますが、ホットスポット的に空間線量率の高い地域が残っています。このため同市では全市民を対象に、2012 年７月～ 2013 年６月までの１年間、ガラスバッジによる外部被曝線量の測定を行いました。１年間継続して測定値が得られた５万 2783 人（全市民の約 84%）分の結果が 2013 年 11 月に発表されています。これによれば外部被曝線量は年平均 0.89 ミリシーベルトです。線量分布では年１ミリシーベルト未満が全体の 66.3%、１～２ミリシーベルトが 28.1%、２～３ ミリシーベルトが 4.4%、３～４ミリシーベルトが 0.9%、４～５ ミリシーベルトが 0.2%、５ミリシーベルト以上が 0.1%でした。福島原発事故以前の外部被曝線量に戻るにはまだまだ時間を要しますが、外部被曝線量の高い住民について、生活圏の除染など線量低減化対策さえしっかり講ずれば、少なくとも避難しなければならない状況ではないはずです。2013 年６月末から１年半以上経った現在の同市の外部被曝線量はさらに低減していると考えられます。伊達市でさえこのような状況ですから、上記の如く筆者は県北・県中・避難指示区域に含まれない相双地域でも十分安全に安心して住むことができると考えています。

4. 内部被曝の現状 —外部被曝の1%以下—

先ず、陰膳法の調査結果を紹介します。陰膳法とは、調査対象となる家族が摂取する食事と同じ食事を1食分余分に作ってもらい、その食事1〜3日分ほどをまとめて放射能分析を行い、当該家族1人当たりが1日に摂取する放射能量を調査する方法です。福島原発事故の場合は、分析すべき放射性核種は放射性セシウムです。内部被曝線量の評価は、陰膳法で得られた放射性セシウム量を含む食事を毎日、連続して365日間摂取し続けることを仮定して行います。したがって、調査日の食事が日常の食事と異なる非常に高い放射能量であったり、非常に低い放射能量であったりすると、評価結果の信頼性が低くなります。その意味では1日分より2日分または3日分の食事について調査を行うと、より信頼性の高い評価結果が得られます。

福島原発事故から10カ月後の2012年1月19日付記事で、朝日新聞社は京都大学教授の小泉昭夫らの研究グループと共同で2011年12月4日に全53家族の1日分の食事にもとづいて調査（福島県26家族、関東16家族、西日本11家族）を行いました。その結果によれば、福島県民1人当たりが1日に摂取する放射性セシウムの中央値は4.01ベクレル、最大値は17.30ベクレルでした。この放射能量を毎日、連続して365日間摂取し続けると、中央値の場合は年0.023ミリシーベルト、最大値の場合は年0.099ミリシーベルトになりました。因みに同記事には載っていないのですが、検出限界値はセシウム137およびセシウム134ともに食事1キログラム当たり0.4ベクレル以下です。検出限界値が非常に低いレベルになる条件下で測定しており、信頼できる結果だと思います。ICRPの勧告する平常時における一般人の線量限度は、年1ミリシーベルト（自然放射線と医療に起因する被曝を除く）です。体内に存在する天然放射性核種であるカリウム40に起因する内部被曝線量は、年0.17ミリシーベルトほどです。こうした値と比較すると、福島原発事故に起因する福島県民の内部被曝が2011年12月段階でさえ非常に低いレベルにあることを明らかにした点で、調査した家族数は多いといえず、かつ１日分の食事の分析にもとづくものであるとはいえ、重要な結果であると筆者は当時思いました。

日本生活協同組合連合会（日本生協連）の陰膳法の調査は、調査した家族数が多く、２日分の食事を分析しており、また時期を変えて調査している点で優れています。一般に、食事中の放射性セシウム濃度は時間経過に伴って低減すると考えられるからです。2012年４月に日本生協連が発表した陰膳法の調査結果によれば、2011年11月～2012年３月までに調査した18都県250家族（福島県100家族を含む）のうち、食事から放射性セシウムが検出されたのは11家族（福島県10家族、宮城県１家族）で、他の239家族の食事では放射性セシウムが検出限界以下でした。検出限界値は先の朝日新聞社と京都大学の共同調査の場合同様に１キログラム当たり１ベクレルよりずっと低いレベルになるように測定しています。11家族のうち１人当たりが１日に摂取する放射性セシウムの中央値は4.13ベクレル、最大値は23.71 ベクレルでした。この放射能量を毎日、連続して365日間食べ続けると、中央値の場合は年0.023 ミリシーベルト、最大値の場合は年0.14ミリシーベルトになりました。

中央値は全数値データ、すなわち全250家族の食事の放射能データを対象に求めるのが通常のやり方です。しかし、250家族中239家族の食事の放射能が検出限界以下であり中央値が求められないため、日本生協連は放射性セシウムが検出された11家族の食事の放射能を対象に中央値を求めたことになります。日本生協連の中央値は、全250家族の食事の放射能データを小さい順番に並べると、実に245番目の値なのです。その意味では、本来の中央値は上記中央値の4.13 ベクレルよりはるかに低く、結果として年線量の中央値もはるかに低いレベルにあることを見落としてはなりません。

日本生協連は2012年5～9月に調査した18都県334家族（福島県100家族を含む）では、食事から放射性セシウムが検出されたのは3家族（福島県2家族、宮城県1家族）だけで、他の331家族は検出されませんでした。1人当たりが1日に摂取する食事中の放射性セシウムの中央値と最大値を毎日、連続して365日間食べ続けると、それぞれ年0.037ミリシーベルトと年0.047ミリシーベルトとなりました。2011年度と2012年度の調査結果を見れば、食事から放射性セシウムが検出されなかった家族の割合は95.6％から99.1％に増加し、年被曝線量の最大値は0.14ミリシーベルトから0.047ミリシーベルトに下がっていることが分かります。この場合も日本生協連の中央値は、全334家族の食事の放射能データを小さい順番に並べると、333番目の値すなわち最大値のひとつ手前の値です。その意味では、食事中の放射能データも年線量データも本来の中央値は、上記の値よりもはるかに低いレベルにあります。

福島県も陰膳法による内部被曝調査を、2012年6月からのほぼ1年間、78家族を対象に4回にわたって行っています。国立保健医療科学院なども2013年3月に37家族を対象に、陰膳法による調査を行っています。これらの結果を表3にまとめました。事故からの時間経過に伴って食事中の放射性セシウム濃度が低減した結果、福島県民1人当たりが1日に摂取する放射性セシウム量は低減し、内部被曝線量も低減していることは明らかです。以上の他にも陰膳法についての多くの調査結果があり、福島原発事故に起因する現在の福島県民の追加被曝線量は最大でも年0.01ミリシーベルト以下であり、平常時における一般人の線量限度の国際勧告値の1％以下となり、極めて低いレベルにあることは間違いありません。本文で紹介できなかった陰膳法を含む各種の調査結果がそれを証明しています。福島県内といえども、避難指示地域を除く居住

表３　陰膳法による内部被曝線量（単位：マイクロシーベルト／年）

実施主体 （実施年月など）	内部被ばく線量の中央値	内部被ばく線量の最大値
朝日新聞社・京大医 （2011 年 12 月、53 世帯）	23（福島県） 2（関東） －（西日本）	99　（福島県） 61　（関東） 3.6（西日本）
日本生協連 （2011 年 11 月～ 2012 年 3 月、18 都県 250 世帯）	24 （250 世帯中 11 世帯から検出）	136
日本生協連 （2012 年 5 ～ 9 月、18 都県 334 世帯）	37 （334 世帯中 3 世帯から検出）	47
福島県（2012 ～ 2013 年） （第 1 期、78 世帯） （第 2 期、77 世帯） （第 3 期、78 世帯） （第 4 期、78 世帯）		 14 14（2100）* 45（120）* 16
国立保健医療科学院 （2013 年 3 月、福島県内 37 世帯）	0.59	7.46

（注）福島県の陰膳法による内部被曝線量のうち括弧内の値は最大値、括弧の前の値は２番目に高い値である。食事中の最大値がその他の値より桁違いに高かったため、２番目に高い値も示した。

地域においては、汚染食品の摂取に起因する内部被曝は問題にならないといってよいと思います。

次に、ホールボディカウンター（WBC）の検査結果について紹介します。WBC とは全身放射能計測装置（Whole Body Counter）を意味し、体内に存在する放射性核種から放出されるガンマ線を体外に配置した放射線検出器により測定する装置のことです。人体を透過して体外に出てくる放射線はガンマ線しかないため、もとよりアルファ線やベータ線しか放出しない放射性核種の場合、WBC では測定できません。ただ、福島原発事故の場合、現在環境中に存在する放射性核種はほぼ放射性セシウムに限られるため、WBC による検査結果は非常に重要です。福島原発事故により放出された主な放射性核種あるいは現存する放射性核種の実情を無視して、未だにアルファ線やベータ線を測定していないからWBCの検査結果は意味がないなどと言っている専門家と称する人びとがいますが、為にする主張でしかありません。

ここでは先駆的な南相馬市における子どものWBCの検査結果について紹介します。図4の横軸は体重1キログラム当たりの放射性セシウムの放射能（ベクレル）、縦軸は全検査人数の中で占める割合です。南相馬市は「帰還困難区域」、「居住制限区域」、「避難指示解除準備区域」が含まれます。避難指示区域のない中通りの市町村と比較すると、相対的に汚染の程度の高い市だといえます。2011年9～12月に行われた検査では、62.4%が検出限界以下、残り37.6%の体内から放射性セシウムが検出されました。2012年1～3月の検査では、97.2%が検出限界以下、放射性セシウムが検出されたのは2.8%でした。2012年4～9月の検査では、99.8%が検出限界以下でした。検出限界以下の占める割合が増えているだけでなく、実は放射性セシウムが検出された子どもの放射能濃度も低下しています。検出された中で最も頻度の高かったのは体重1キログラム当たり5～10ベクレルでした。2012年10月以降に測定した子どもは現在に至るまで、全員が検出限界以下です。WBCの検出限界値は、どの自治体も1人当たり250～300ベクレルほどです。体重が50キログラムの場合、検出限界値は体重1キログラム当たり5～6ベクレルとなります。検出限界値をもっと低くすべきだという人びとがいることは承知していますが、体重1キログラム当たり60ベクレルほどの天然放射性核種であるカリウム40よりずっと低い放射能量であることが確認できれば、現在のWBC検査としては十分であると筆者は思います。

南相馬市の大人の場合、たとえば2013年4～9月の段階でも検出限界以下は98.1%であり、1.9%から放射性セシウムが検出されています。子どもとほぼ同様の傾向です。天然放射性核種であるカリウム40による内部被曝線量が年0.17ミリシーベルトほどになることを考えれば、

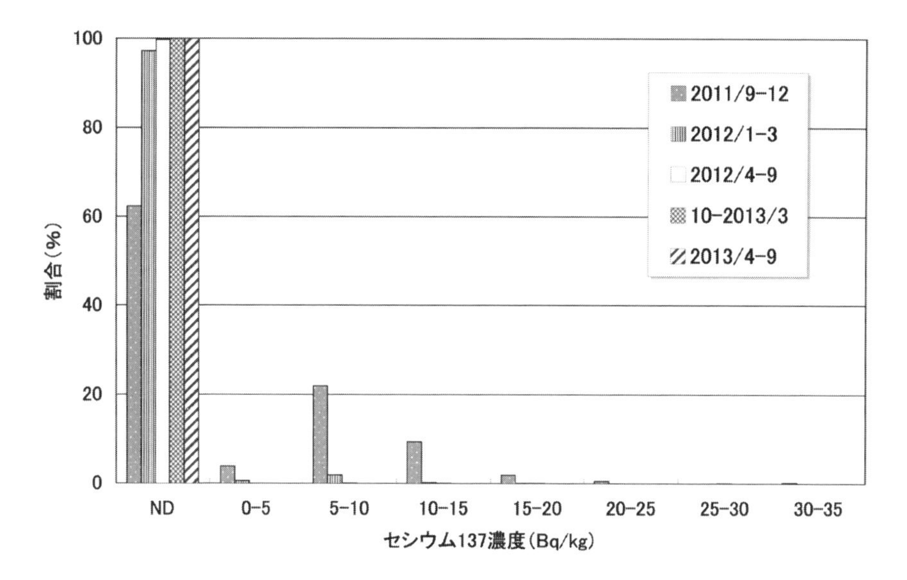

図４　南相馬市の子どものWBC検査結果

現在ごく僅かながら体内に放射性セシウムが検出されている大人も、健康への影響はまったく問題にならないと考えてよいと思います。陰膳法による内部被曝線量の評価結果も併せて考えれば、幸いにして内部被曝線量は当初心配されていたよりも極めて低いレベルにあります。その意味では内部被曝と外部被曝の合計のトータル線量を効率的に低減させるためには、内部被曝線量より100倍以上も高い外部被曝線量を低減させる方策ことが、いま何よりも優先されなければならないといえます。

世界と日本の原発をめぐる動き

本島　勲

福島原発大事故から３年半。全ての原発が停止している中、原子力規制委員会は、九州電力川内原発（鹿児島県）１、２号機が新規制基準に適合しているとして、設置許可を決定（第23回　原子力規制委員会2014.9.10）しました。新基準に基づく最初の再稼働の認定です。

ここでは、世界と日本の原発をめぐる動きとともに我が国への原発の導入について概観し、原発に依存しない社会について考えます。

1．世界のエネルギー展望と原子力発電

1.1　エネルギーの見通し

国際エネルギー機関（IEA）は、『世界エネルギー展望2013』を発表（2013.11）し、2011年から2035年の電力を展望しています。

それによると（表1.1）、2035年の電力需要は、2011年の1.69倍、32兆1,500億kWh（2011年19兆4億kWh）、年平均2.2%の増加となります。その増加は、産業の電化の推進（産業での電力シェアは26%から32%に増加）、中東を中心とした途上国での電化製品の利用拡大、建物での冷房の増加などによります。その大半は、OECD以外の国によるもので、中国（36%）、インド（13%）などアジアで61%、その他中東（6%）、中南米（6%）など合計88.3%になるとしています。

また、発電設備容量は、1.79倍、年率2.5%の増加で約97億6,000万kW（2011年　約54億5,600万kW）になり、その増加は電力需要に対応しています。

表 1.1　世界の電力見通し

(1) 世界の電力需要見通し　　億 kWh　(　) %

	電力需要		増分	増加率	
	2011 年	2035 年		(倍)	(% / 年)
OECD	95,520 (50.3)	117,450 (36.5)	21,930 (16.7)	1.23	0.9
OECD 以外	94,530 (49.7)	204,050 (63.5)	109,520 (83.3)	2.16	2.3
世界合計	190,040 (100)	321,500 (100)	131,460 (100)	1.69	2.2

IEA『WEO 2013』により作成

(2) 世界の電力施設容量見通し　　億 kW　(　) %

	電力設備見通し		増分	増加率	
	2011 年	2035 年		(倍)	(% / 年)
OECD	2,791 (51.1)	3,733 (32.2)	942 (21.9)	1.34	1.2
OECD 以外	2,665 (48.9)	6,028 (67.8)	3,363 (78.1)	2.26	3.5
世界合計	5,456 (100)	9,760 (100)	4,304 (100)	1.79	2.5

IEA『WEO 2013』により作成

(3) 世界の電源別発電電力量見通し　　億 kWh　(　) %

	2011 年	2035 年	増分	増加率 (倍)	(% / 年)
石炭	91,390 (41.3)	123,120 (33.2)	31,730 (21.2)	1.35	1.2
石油	10,620 (4.8)	5,560 (1.5)	− 5,060 (− 3.3)	0.52	− 2.7
ガス	48,470 (21.9)	83,130 (22.4)	34,660 (23.1)	1.72	2.3
原子力	25,840 (11.7)	42,940 (11.6)	17,100 (11.4)	1.66	2.1
水力	34,900 (15.8)	58,270 (15.7)	23,370 (15.6)	1.67	2.2
バイオエネルギー	4,240 (1.9)	14,770 (4.0)	10,530 (7.0)	2.48	5.3
風力	4,340 (2.0)	27,740 (7.5)	23,400 (15.6)	4.33	8.0
地熱	690 (0.3)	2,990 (0.8)	2,300 (1.5)	16.59	6.3
太陽光	610 (0.3)	9,510 (2.6)	8,900 (5.9)	122.50	12.1
CSP	20 (−)	2,450 (0.7)	2,430 (1.6)	39.00	21.7
海洋	10 (−)	390 (−)	380 (0.3)	38.00	19.3
世界合計	221,130 (100)	370,890 (100)	149,740 (100)	1.68	2.2

IEA『WEO 2013』により作成

石炭火力は依然として主役ですが、発電電力量に占める割合は、41%から33%に減少。再生可能エネルギーは、水力を含めて20%から31%に拡大する。特に風力、太陽光の増加が著しい。また、ガスと原子力は、夫々22%と12%で、そのシェアはほぼ一定です。

電力価格は多くの地域で値上がりするが、2035年にはアメリカの産業用電力価格はEUの半分、中国よりも40%安価となるとしています。

1.2　原子力発電の現状

日本原子力産業協会（JAIF）は、世界の電力会社を対象に実施したアンケート結果を下に、今年1月1日現在における世界の原発の現状を分析し、『世界の原子力発電開発の動向2014年版』を刊行（2014.4）しています。

それによると（表1.2)、2014年1月1日現在、世界の運転中は、426基、3億8,635万kW（2013　429基、3億8,826万kW）です。全設備容量の80%以上はOECDで、そのほか東欧・ユーラシアで11%、途上国で8%です。原発利用国はイランが加わり31ヵ国・地域となっています。

建設中は、33ヵ国で81基、8,400万kW（2013　76基、7,600万kW）です。中国では31基、3,400万kW、インドで7基、530万kW、韓国で5基、660万kWなど、アジア全体で51基、5,550万kW、全体の60%を超えます。さらに23ヵ国で、100基、1億1,300万kW（2013　97基、1億1,091万kW）が計画中です。

世界の原発は、特に、イランで最初の商業炉が2年間の試運転を経て営業運転を開始、アラブ首長国連邦（UAE）では2基目の建設作業を開始、さらにベラルーシ、バングラディシュでも建設工事が着工するなど、新規導入を目指す国々での進展が際立っています。

一方、アメリカ（4基、374万kW）と日本（2基、188万kW）では、合わせて6基、562万kWを閉鎖し、ロシア（2基、240万kW）と日

表 1.2　世界の原子力発電の現状（2014.1.1）

出力：万 kW

	運転中		建設中		計画中		合計	
	出力	基数	出力	基数	出力	基数	出力	基数
西欧	11,929	117	335	2	546	4	12,810	123
北米	11,752	119	560	5	626	5	12,938	129
アジア	9,058	117	5,356	51	6,225	53	20,640	221
CIS	3,942	45	1,346	14	1,865	19	7,153	78
東欧	1,224	19	306	5	438	4	1,968	28
中南米	436	6	215	2	0	0	651	8
アフリカ	194	2	0	0	187	2	381	4
中東	100	1	280	2	1,405	13	1,784	16
世界合計	38,636	426	8,398	81	11,292	100	58326	607

JAIF『WNPP 2014』により作成

本（1基、82万kW）で3基、322万kWを計画中から削除しました。

さらに、ドイツは、福島原発事故を受けてエネルギー政策（原子力法改正　2011.8）を転換して、運転中の9基　1,279万kWを含めて2022年までに全原発の廃止を決定。第3次メルケル政権（2013）のもとで脱原発政策を維持することとしています。スイスは2035年までに全原発(5基、346万KW）の廃止を決定（2011)。ベルギーは原発の運転期間は40年として段階的に廃止することを決定（2011)。台湾は原発依存度減少政策（運転40年で廃止）を発表（2011)。イタリアはでは国民投票（原発凍結賛成90%超）の結果、原発導入計画を中止（2011）しました。

2．日本の今日的エネルギー問題と原子力発電

2.1　福島原発廃炉措置の現状 ― 当面の難関・汚染水対策！

1）廃炉措置の現状

福島原発の廃炉処置をすすめるためには、先ず、燃料プールの燃料と炉心溶融した燃料デブリを取り出さなければなりません。

燃料プールの燃料の取出しは、昨年11月より4号機で始まり、使用済燃料1,331体全てを取出し（2014.11.5)、残り180体の新燃料も今年末の完了を目指しています。続いて、3号機での取出しを来年度（2015）より開始するために、プール内のガレキの撤去、燃料取出し建屋・設備の設置などの準備を進めています。なお、1～3号機の燃料プール内の燃料は、1号機に392体、2号機に615体そして3号機に566体、合計1,573体、全て使用済み燃料です。

燃料デブリ・核物質は核反応が停止しても放射性崩壊熱を発生します。そのため冷却水の注入を継続しなければなりません。約350m³/日（1号機　約110m³/日、2号機　約110m³/日、3号機　約100m³/日　2014.8.20現在）の冷却水が注入されています。その結果、1～3号機の原子炉圧力容器の温度は、事故の翌年（2014）夏以来、季節的な変動を示し、約25～50℃（1号機 約30℃、2号機 約38℃、3号機　約35℃　2014.8.20現在）で安定しています。冷却状態の異常や新たな臨界等の兆候は確認されていないようです。また、1～4号機の使用済み燃料プールの温度（1号機 約29℃、2号機 約28℃、3号機 約28℃、4号機約26℃　2014.8.20現在）も同様に安定した状態にあります。

原子炉（燃料デブリ）を冷却するための冷却水は、原子炉および格納容器の破損個所より原子炉建屋地下階に放射性汚染水として流出、これに地下水の流入が約400m³/日、合わせて約700～800 m³/日の汚染水が発生しています。汚染水は、排出（約700～800 m³/日）され、セシウム除去装置（放射性セシウムの除去)、淡水化装置（海水塩分の除去）を経て、約半分（約350 m³/日）は再び冷却水として用いられています。残りの汚染水は、タンクに貯蔵され増加（約300～400 m³/日）し続けています。増大する汚染水は、地中へ浸透し海への流出（海洋汚染)、タンク容量の限界、とりわけ廃炉阻止への阻害要因となっています。

2）汚染水対策の現状

＜原子炉建屋への地下水の流入抑制対策＞

原子炉建屋への地下水の流入を抑制するために、建屋を囲む陸側遮水壁(凍土方式　図1)を設置する計画が進められています。凍土遮水壁は、延長約1,500m、深さ約30m（難透水層までの深さ）の凍結管を1m間隔で配置して氷の壁を造成するものです。凍土量は約7万m^3。原発構内で小規模な凍結試験（長さ10m × 10m　深さ30m）を実施し、現地で凍土壁が造成できることを確認できたとして今年6月より本格的な施工に着手し、今年度中の凍結開始を目指しています。工事費は国費約320億円、膨大な費用です。

さらに、地下水の大半は、敷地構内やその周辺に降る雨水によることを地下水流動シミュレーション等で確認。今年度中に構内の地表面をアスファルト等で覆い（表面遮水)、敷地内線量の低減をかねて雨水の地下浸透を抑制して建屋への地下水の流入量の低減を図ることにしています。遮水面積は、約150m^2になります。

< 海洋汚染への対策 >

汚染された地下水の海洋流出を防ぐために、護岸の外側に海側遮水壁（鋼管矢板　図1）を設置する作業が進められています。2011年10月に工事に着手して、一部を除きすでに完了（約98%完了）しています。海側遮水壁内側の埋立て、地盤改良そして地下水の汲み上げ・浄化・排水が安定的にできることを確認した上で、全面的に閉合されます。

原子炉建屋の海側には、原子炉建屋（2、3号機）とタービン建屋を結ぶ配管やケーブルのための地下トンネル（図2　配管トレンチ）が地下約20mに存在しています。この配管トレンチには、事故当初の高濃度の汚染水が、約11,000m^3（約5,000m^3、約6,000m^3）滞留しており、海側地下水の汚染源になっています。さらに、原子炉を取り囲む凍土遮水壁が、この配管トレンチを横切ることになり配管トレンチ内の汚染水を排出して埋め立てる必要が生じています。そのため、まず、原子炉建屋との接続部を凍結止水（2号機・3号機のタービン建屋と配管トレンチが接続している計4箇所）することとして、本年4月末から2号機タ

図１　地下水流入対策遮水壁（海側：鋼板矢板遮水壁　　陸側：凍土遮水壁）

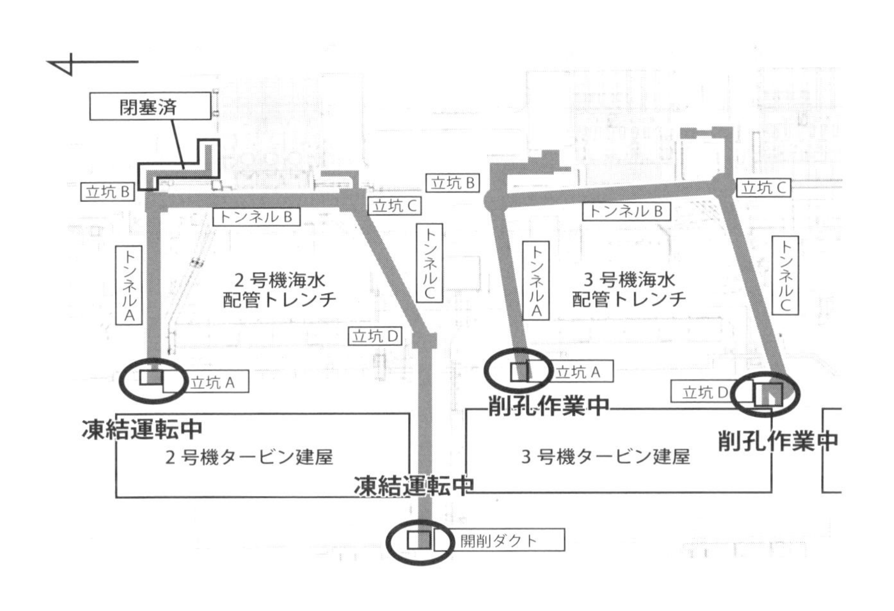

図２　配管トレンチ配置図

ービン建屋と配管トレンチの接続部（立坑A）を凍結（氷壁）する作業に着手しました。

しかし、3ヶ月作業をすすめても汚染水は完全には凍結しませんでした。マスコミでも話題になりました。そこで、7月から最大26t/日もの大量の氷を投入（累積 約410t　2014.8現在）し、汚染水の水温を低下させて凍結を図りました。凍結は進展（面積比92%凍結）しましたが、凍結しない部分が残ってしまいました。大量の氷を投入する前（7月）には、最大0.08cm/分だった汚染水の流れが、最大0.27cm/分、3.4倍に増大してることが分かり、この汚染水の流れが速くなったことが凍結を困難にしていると説明（東京電力）されました。また、配管トレンチには、配管とケーブルを載せる4段の金属製棚が設置されており、このケーブル棚の周辺での汚染水は複雑な流れをしているため凍結は極めて困難と判断されて、結局、この未凍結の部分は凍結をあきらめて、セメントなどで間詰め充填することにして作業を進めています。

<汚染水貯留タンクの増設>

汚染水の貯蔵を確実に管理するために、今年度末までにタンクの容量を約10万t増加して約80万tを確保する予定で工事が進められています。さらに、来年度（2015）末時には約90万tにする計画が検討されています。

今後、設置するタンクは、溶接タンク等を基本として、フランジ型の鋼製タンクは、溶接型タンクに順次リプレースすることにしています。

3）汚染水対策に対する今後の課題

汚染水対策は、廃炉措置への大前提です。とりわけ、当面、配管トレンチの止水対策の成否は、凍土遮水壁の工程に大きく影響し、2015度早期の完成をめざしている凍土遮水壁の完成目標は困難になります。それは、汚染水対策、廃炉措置に向けて当面の最重点の課題となっています。

1. 配管トレンチの止水は、凍土方式にこだわることなく土木技術を駆使して実現しなければなりません。さらに、完全な止水が困難な場合をも考慮した事前の検討が必要です。

2. 前述の配管トレンチでの流速は、普通の岩盤での地下水流速に相当します。ここで凍結が困難ならば、福島原発の透水層での凍結は極めて困難になります。原子力規制委員会でも「配管トレンチの汚染水問題が解決しない限り、そもそも凍土遮水壁の提案は成り立たない」との厳しい意見があるとともにデール・クライン元アメリカ原子力規制委員長の「凍土壁がベストでないならば、東電から政府に撤退を申し入れるべきである」との指摘が報道（「毎日新聞」）されていることに注目すべきです。

3. 福島原発での汚染水問題について、昨年のJSA全国原発シンポジウム（2013.8　福島）で、「凍土遮水壁は、岩盤内の地下水の複雑さを考慮すれば、今後の施工に当たって重大な禍根を内在する。そもそも地下水抑制（止水）対策は、地下水の上流での対処が基本である。とりわけ、この場合（福島原発）には、放射能汚染源よりできるだけ遠ざけた上流で対処すべきである。また比較的若い地層で割れ目が多く地下水量の多い箇所での凍土方式はもとよりグラウト方式による止水は極めて困難である。」と指摘しました。

4. そして、「地域住民・漁民の声、科学者・技術者の総意を結集する場が必要である。とりわけ、産総研（旧地質調査所、旧土木研究所、旧資源環境研究所など）をはじめとする研究機関、関連学協会を総動員した科学・技術者集団の結集（プロジェクトチーム）が必要である」ことを提案しました。

5. さらに、原発事故から３年半、廃炉措置の展望が定かにならない今日、改めて、政府の責任において、科学、技術の英知を総結集して廃炉措置を推進することを提起し、国会がそのチェック機構として、国民に真実を伝える役割を果たすことを期待します。

2.2　発需電実績

電気事業連合は、電力各社の電力施設、需給、電源開発などをまとめた電力情報統計を発表しています。

これによる（表2.1）と、2013年度の発電電力量（発受電電力量）は、9社合計で9,145億3,252万kWh（2010年　9,790億6442万kWh）でした。福島原発事故前の93.4%で、6.6%減少しています。

電源別では、水力は、588億4,965万kWh（2010年　628億6,752万kWh）、原発の停止に伴う揚水発電の減少が際立っています。火力は、6,662億4,163万kWh（2010年　4,786億9,641万kWh）、原発の停止による減少を補い事故前の1.4倍です。

電力需要は、9社合計で8,409億8,545万kWh（2010年　8988億9657万kWh）でした。原発事故前の93.6%、6.4%の減少です。しかし、産業用需要の大口電力は、対前年伸び率0.5%増となり3年ぶりに前年実績を上回りました。これは、紙・パルプ、窯業・土石などの非鉄金属を除く主要業種で前年実績を上回ったことなどによります。

表2.1　各電力会社の発電実績

億kWh

電力会社	2010年度	2013年度
北海道	362.6519	342.1298
東北	902.9025	851.6906
東京	3,166.1687	2,883.6300
中部	1,423.3907	1,280.2437
北陸	327.4763	310.0539
関西	1,645.9202	1,521.8676
中国	683.0652	643.9588
四国	324.6817	298.9080
九州	954.3871	912.8429
計	9,790.6442	9,145.3242

電事連『電力情報統計』により作成

2.3　原子力発電の現状

現在、原子力発電所は17発電所。福島原発事故に伴い、福島第一原発（東京電力）は全て廃止され、運転中の原子炉は48基、4,441万6,000kWです。そのすべてが定期検査で稼働を停止しています。

福島原発の事故の反省を踏まえ、政府は、規制と利用を分離し、独立した「原子力規制委員会（事務局　原子力規制庁）」を設置（2012.9）しました。そして、これまでの規制基準を強化した新規制基準を策定（2013.7）しました。新基準の策定に当たっては、福島原発事故の教訓として、地震や津波などの共通原因による複数機器の機能喪失およびシビアアクシデント対策に対する対応の不備を挙げています。具体的には、地震による外部電源の喪失、津波による所内電源の喪失・破損、安全機能の喪失によるシビアアクシデントの進展（冷却停止、炉心破損、水素発生、そして水素漏えい（格納容器破損））、水素爆発です。

新基準では、従来のシビアアクシデントの防止対策は不十分であるとして、大規模な自然災害への対応の強化（地震・津波、火山・竜巻森林火災への対応など）、火災・内部溢水・停電などへの耐久力の向上、万一シビアアクシデントが発生しても対処できる設備・手順の整備とテロや航空機衝突への対応として炉心損傷の防止、放射性物質の拡散抑制などを新たにもとめています。

この新基準は、すでに、許認可を受けている運転中のすべての原発に対して、その適合性を求め（バックフィット制度）、審査を行うとしています。そのため、定期検査中のすべての原発は、審査の対象になり、新基準に適合しないと再稼働できず停止しています。

現在、新規制基準の適合性にかかわる審査を14原発（20基）が、申請（表2.2）しています。この内、九州電力川内原発（鹿児島県）1,2号機が新規制基準に適合しているとして、原子力規制委員会は、設置許可を決定（第23回　原子力規制委員会　2014.9.10）しました。新基準に基づく最初の認定です。

表 2.2　新基準適合性にかかわる審査を申請した原発

申請者	対象発電炉（号炉）	規制委員会受領日
北海道電力	泊発電所（1・2 号炉）	2013.7.8
北海道電力	泊発電所（3 号炉）	2013.7.8
関西電力	大飯発電所（3・4 号炉）	2013.7.8
関西電力	高浜発電所（3・4 号炉）	2013.7.8
四国電力	伊方発電所（3 号炉）	2013.7.8
九州電力	川内原子力発電所（1・2 号炉）	2013.7.8
九州電力	玄海原子力発電所（3・4 号炉）	2013.7.12
東京電力	柏崎刈羽原子力発電所（6・7 号炉）	2013.9.27
中国電力	島根原子力発電所（2 号炉）	2013.12.25
東北電力	女川原子力発電所（2 号炉）	2013.12.27
中部電力	浜岡原子力発電所（4 号炉）	2014.2.14
日本原子力発電所	東海第二発電所	2014.5.20
東北電力	東通原子力発電所（1 号炉）	2014.6.10
北陸電力	志賀原子力発電所（2 号炉）	2013.8.12

2.4　原子力政策と原子力産業界

1）第 4 次エネルギー基本計画

政府は、第 4 次エネルギー基本計画を閣議決定（2014.4）しました。エネルギー基本計画は、エネルギー政策基本法に基づき、少なくとも 3 年ごとに見直し必要に応じて改定されるものですが、福島原発事故を受けて策定した先の民主党内閣による「2030 年代に原発ゼロ」とする「革新的環境戦略（2012）」を全面的に改定すると安倍首相が就任早々、公言していたものです。

今次基本計画は、東日本大震災及び福島原発大事故以後のエネルギーを巡る国内外の環境の変化を踏まえ、新たなエネルギー政策の方向性を示すものとして各界より注目されていました。

基本計画は、原子力を「燃料投入量に対するエネルギー出力が圧倒的に大きく、低炭素の準国産エネルギー源として、優れた安定供給性と効率性を有しており、運転コストが低廉で変動も少なく、エネルギー需給構造の安定性に寄与する重要なベースロード電源である。」と位置付け、「安全性を全てに優先させて国民の懸念の解消に全力を挙げることを前提に、原子力規制委員会により世界で最も厳しい水準の規制基準に適合すると認められた原発は再稼働を進める。」としています。

2）第47回原産年次大会

第47回原産年次大会は、今年4月、海外31ヵ国・3国際機関からの約80名を含む約760名が参加して東京で開催されました。今回の大会は、異例とも思われる「信頼回復に向けた決意」を基調テーマに原子力への国民の信頼回復を目指し、福島の復興に向けた課題や世界における原子力の役割を認識し原子力産業界の決意を議論する場とされました。

所信表明した今井原産協会会長は、今回の「エネルギー基本計画」での原子力の位置づけを「わが国の原子力政策の方向性が国内外に示されたもの」と高く評価した上で、「原子力は再稼働が見通せず具体的目標は依然として不明確であり、再生可能エネルギーと合わせて温室効果ガスの削減目標を示すことができないことは、国際社会に対する日本の責任の観点から早急に解決すべき課題である。そして、全ての原発が停止して火力発電用燃料の輸入量が増加し、コスト負担は電気料金の値上げ要因となり、一般家庭及び産業界の負担増につながっているとともに立地地域経済が疲弊、我が国のエネルギー政策に貢献してきた地域が直面している窮状を早急に打開すべきである」と原発の再稼働を訴えました。

その一方で、「原子力に対する信頼は回復していないのが実情である」と認識して「事業者は安全神話と決別してリスクと向き合っていること、事業者の何がどう変わったのか、変わろうとしているのか、わかりやすく国民に伝え、不安と懸念の解消に全力を挙げなくてはならない。」と強調しました。

3）原子力産業の海外進出

原子力の海外展開について、服部原産協会理事長（2011.7）は「アジア諸国をはじめとする新興・途上国においては、エネルギーセキュリテ

表 2.3　我が国の二国間原子力協力協定の現状

＜締結・協定発効＞　14ヵ国（2014.7 現在）

相手国	協定の発効
カナダ	1960.7.27　1980.9.2（改定）
イギリス	1968.10.15　1998.10.12（改定）
フランス	1972.9.22　1990.7.19（改定）
オーストラリア	1972.7.28　1982.8.17（改正）
中国	1986.7.10
アメリカ	1968.7.10　1988.7.17（改定）
ユーラトム	2006.12.20
カザフスタン	2011.5.6
韓国	2012.1.21
ベトナム	2012.1.21
ヨルダン	2012.2.7
ロシア	2012.5.3
UAE	2014.7.10
トルコ	2014.6.29

＜交渉中＞　8ヵ国
インド　南アフリカ　サウジ　ブラジル　メキシコ　マレーシア　モンゴル　タイ

ィ等の観点から、原子力発電への期待が高まっている。当協会は、世界への貢献とわが国にとっての意義の両面から、新興国も視野に入れた原子力発電の海外展開を推進してきた。幸いにして福島事故以降もベトナムをはじめ新興国の日本に対する期待は依然として高いと考えられる。このような情勢から、原子力発電の海外展開を新成長戦略の柱として位置づけ、二国間の協力関係の構築に積極的に取り組んできた。政府は、ベトナムをはじめとする各国に対し、真摯に応える方針を早急に説明すべきである。」と原子力産業の海外進出を促しています。

我が国の二国間原子力協定（表 2.3）は、カナダ、イギリス、アメリカなど14ヵ国と締結され、協定が発効しています。この二国間協定には、中国、カザフスタン、韓国、ベトナム、ヨルダン、UAE, トルコなどのアジア中東地域での原子力新興国が多く含まれています。そしてインド、モンゴル、タイなどとの交渉がすすめられています。

3. 原発の日本への導入

3.1　我が国の電力産業と電力会社

明治 19 年（1886）、東京電灯会社が電灯用電力の供給を開始しました。

名古屋、大阪では　明治20年（1887）です。電力（当時は電灯）産業の始まりでした。当時、明治政府による「富国強兵」「殖産興業」政策の下で、鉄道や造船などの技術を国策（資金）で導入し産業を育成していた中で、完全な民間の私企業としてスタートしました。電力産業の際立った特徴です。

そして、科学・技術の進歩に支えられた産業の発展に伴い成長した電力産業は、天皇を頂点とする侵略戦争、国家総動員法（1938）体制の下で国家権力による事業に転換しました。軍需大工業中心の「民有国営」である日本発送電株式会社と九配電会社が設立され戦争体制の一翼を担いました。

昭和20年、侵略戦争は敗北します。電力産業は、アメリカを中心とした占領政策であるポツダム政令「電気事業再編成令（1950）」によって電力の供給地域を定めた9つの電力会社に再編されスタートしました。そして同じポツダム政令である「公益事業令（1950）」は、電力会社の供給地域の独占と電気料金の総括原価方式を保障しました。戦後の電気事業の原点であり、その原点はアメリカの占領政策でした。

政府と電力会社は、アメリカのエネルギー世界戦略の下で我が国固有のエネルギーである水力、石炭から石油に、そして今日の原子力重点へと転換させました。

その後、昭和27年（1952）に主権を回復します。本来、ポツダム政令は効力を失うはずですが、戦後の電気事業法が制定されたのは昭和39年（1964）のことでした。この12年間、実質的に「公益事業令（ポツダム政令）」は存続していました。この政令の下で戦後の電気事業の基礎、さらには日本原子力発電会社（1957）を設立して原発を導入する基礎を築いたのです。

新しく制定された電気事業法（1964）では、「供給地域を独占する条項」は削除されたが、個別条項によって実質的に「地域独占」は確保、維持されました。電気料金の総括原価方式は明確に規定（法　第19条）。この「法」の保護の下で電力会社は、世界的に巨大な企業（表3.1）に発展しました。さらに重要なのは電力施設への規制です。工事の計画・実施（法　第41・42条）、使用前・定期検査（法第43・47条）さらには維持・保安（法　第48条）について詳細に規制しました。電力会社にとって、この規制をクリアすることが最大の課題になり、それ以上の安全対策は無用、規制機関との癒着へと発展。技術開発は、電気料金の総括原価方式による豊富な資金の下にメーカーやゼネコンなどへの委託任せ。自ら安全対策、独自の技術開発を行うことなく国策の影に原発重点の開発をすすめ、今回の大災害を引き起こしました。

表3.1　電力会社の資本金・資産・電力施設（電力9社合計）

（　）内：設立当初比（倍）

	資本金（億円）	資産（億円）	電力施設（万kw）			
			水力	火力	原子力	合計
設立当初（1951）	72	1,135	572	282	—	858
電気事業法制定時（1964）	4,484（62）	28,180（25）	1,062（1.9）	1,756（6.2）	—	1,758（3.3）
現　在（2008）	26,437（368）	388,040（342）	3,488（6.1）	12,004（42.5）	4,532（—）	20,025（23.5）

＊）現在：電力各社がの経営が比較的安定していた2008年とした
電気業便覧（各年度版）」などをもとに作成

3.2　軽水炉原発の開発と我が国への導入

1）軽水炉原発の開発

戦後、アメリカは、原子力の平和利用、文民管理のもとに原子力委員会（1947）を設立したが、米ソ対立、ソ連（当時）の原爆開発（1949）など大軍拡競争の下で核兵器開発、生産の管理、さらには潜水艦用動力炉（軽水炉）の開発が重点課題となりまた。軽水炉は、小型軽量化が期待されて、原子力潜水艦ノーチラス号を進水（1954）させました。一方、商業炉の開発にはウランの使用が許されず、核兵器の原料となるプルトニウムを生産しながら発電する二重の目的炉として増殖炉の開発がすすめられました。すなわち、核軍拡に奉仕する商業用発電炉です。その予算は海軍用軽水炉開発の10分の1以下に過ぎませんでした。

こうした中、イギリスは、コルダーホール原発（電気出力9万kW　黒鉛減速炭酸ガス冷却炉）の建設を発表（1953）しました。アメリカの商業炉（増殖炉）の開発は100kWの試験段階でしたが、急遽、シュピングポート原発（電気出力10万kW　加圧水型軽水炉PWR）の建設計画を作成し発表しました。この計画は海軍の潜水艦用として開発してきた軽水炉の技術を転用してスケールアップしたものでした。それは、原子炉に関する軍用技術を公開して商業用原子炉の開発を増殖炉から軽水炉へ転換するもので、アメリカの核戦略における優位性を確保するとともに世界的な軽水炉原発市場の創設を意図するものでした。

軽水炉原発は、平和イメージで売り出され、アイゼンハワー大統領は国連で有名な「平和のための原子力」演説（1953.12）を行いました。一方、アイゼンハワーは、在任中（1953-61）に最も多くの核兵器（毎年平均3,000発）を開発したのです。すなわち、この演説は、原発市場の創出と核兵器開発への国際的な心理作戦を意図したものだったといえます。こうして軽水炉原発の世界市場は一挙に創設されたのです。

2）日本への原発（軽水炉）の導入

戦後、広島、長崎への原爆投下（1945）、ビキニ環礁での水爆実験（1954）による被災体験によって原水禁運動と反米感情が高揚。さらに学術会議は「核兵器開発の拒否、原子力研究の三原則（公開、民主、自主）」の声明（1954）を発表しました。

アメリカは、国家安全保障会議（議長　大統領）の外交文書「対日心理作戦計画」（1953）をもとに「知識人やメディアを操作して共産主義や反米感情をもつ人々に反感を持つように世論を導く」という心理作戦を展開。この心理作戦は原子力を戦争イメージから平和イメージへ、核アレルギーを緩和することを担っていました。そのためには原発は「絶対に安全」でなければならなかったのです。「安全神話」の原点がここにあります。さらに国家安全保障会議の政策文書（1954）では日本を原発の有力な導入先としていました。

一方、日本の政界では、左右に分裂していた社会党が1955年10月に統一して「日本社会党」を、12月には自由党などが保守大合同して「自由民主党」をそれぞれ結党。「五五年政治体制」の確立です。日本社会党は、その政策大綱で「原子力の平和利用の推進」、また自由民主党は、「原子力の平和利用を中心とする産業構造」をかかげました。そして同年12月には議員立法（中曽根ほか421名）で「原子力基本法（1955)」「原子力委員会設置法（1955)」を成立させました。さらに「日米原子力協定（研究)」を締結。「原子力予算（2億3,500万円)」が成立しました。

そして、関西電力美浜原発一号機（34万kW　アメリカ　PWR　1970年1月運開)、つづいて今回大事故を起こした東京電力福島第一原発一号機（46万kW　アメリカ　BWR　1971年3月運開）が導入されました。

3）原発（軽水炉）の基本的欠陥

こうして導入された原発（軽水炉）は、基本的な欠陥商品でした。

第一の欠陥　　軍事技術のスケールアップであること。

潜水艦用動力炉を開発してきたメーカー（GE社:BWR,WH社:PWR）によって大型化がすすめられていました。それは、火力に対抗するためのスケールメリットによる発電コストの低下、経済性を追求したしたものでした。

潜水艦用原子炉の実績をもち、火力発電ユニットを生産していたGE、WH両社は、実証済みの技術として経済的にも大型商業炉としての安全技術の検証、開発への概念は当然持ちえなかったと思われます。シッピングポート（10万kW　1958　ペンシルベニア州）からインディアンポイントⅡ(90万kW　1969　ニューヨーク州)までの11年間に、その出力は9倍に大型化しています。この短時間の大型化は、安全技術の検証、開発を無視した過程でした。

第二の欠陥　出力（熱）密度が極めて高く短時間での炉心溶融の可能性が大きいこと。

原子炉出力の大型化とともにコンパクト化の追求により発電コストのさらなる低下につながっていました。その結果、熱密度は増大して熱の除去を困難にしました。何らかの原因によって冷却材（水）が喪失すると冷却機能を失い炉心溶融を起します。また溶融に至る時間を短くします。

すなわち、経済性を追求した大型化、コンパク化は、出力（熱）密度を高め、熱の除去、コントロールを困難にし、短時間での炉心溶融の可能性を高めました。今日の原発（軽水炉）の決定的な欠陥です。

第三の欠陥　放射線防護が本質的な課題であること。

電気出力100万kW級の原子炉では、1日約3kgの放射性物質（死の灰）が生成され、1年間で原子炉に生成、蓄積される放射性物質は、広島級原爆の1,000発分の死の灰に相当するといわれます。

この放射性生成物による放射線の防護が本質的な課題となります。そのため、原発では多重の防護が設置されています。しかし、福島原発ではこの多重防護はすべて破壊しました。住民は放射性物質から多大の犠牲を払って避難し逃げるしかありませんでした。最後は住民自身によって辛うじて命だけは守ったのです。放射性物質の環境への放出は、地元住民はもとより多大の精神的、実質的な被害を及ぼしました。

第四の欠陥　技術の完全、絶対的な安全はあり得ないこと。

「失敗は成功の元」、技術は失敗やトラブル、事故を経て発展します。そして、その発展によって次の新しい技術へ転化します。技術開発の本質です。荷車からリニアカーへ、グライダー、プロペラからロケットへの歴史が端的に物語っています。

原発（軽水炉）は、この技術の常道、火力の開発過程から見ても甚だしい逸脱でした。そして、完全な安全対策は技術的にあり得ないということです。さらに原発の失敗による環境への放射性物質の放出は絶対に許されないことです。原発は特別な技術であることを明記しなければなりません。

4）原発導入の不要性

戦後の電気事業の再編成以来の電力供給をまとめました。これによる（表3.2）と、水力は、再編成直後には70%に及ぶ発電施設を60%以上稼働させて電力の80%を供給して、その主役を果たしていたことが分かります。また、海岸線に立地されていた石炭火力は、戦災で破壊され発電施設は30%でした。戦火で石炭の産出もままならず再編成直後の稼働率は30%に低下し、発電電力量（電力供給）は20%にも満ちませんでした。本州中央部に3,000m級の山岳地帯を有し降水量の豊富な我が国での水力は、豊富な資源を有する石炭（埋蔵量　202億t　1965通産省発表）とともに我が国固有のエネルギー資源でした。

その後、アメリカの石油世界戦略の下、火力は、石炭から石油に転換して次第に増大。1965年には水力を上回り、1970年には発電施設、稼働率ともに70%近くまでに達し、発電電力量（電力供給）は70%を上回りました。エネルギー政策は水主火従から火主水従に転換し、火力は、電力供給の主役を担いつつありました。これに伴い水力の稼働率は44%、電力供給は25%まで低下しました。

一方、原子力は1970年に本格的な稼働が始まり急激に拡大して、1995年には発電施設は20%に、発電電力量（電力供給）は34%に至りました。稼働率は80%に達していました。これに伴い火力の稼働率は40%前半に、急激に低下させています。火力の半分以上を休止させた原子力重点による電力供給です。

原子力導入後の電力需給（表3.3）をまとめました。原子力による電力供給（発電電力量）は、1995年に大口（大規模工場）電力の需要を上回り、その後、ほぼ一定になっています。同時に、原発から大規模工

表 3.2　戦後の電力供給（電力再編成後　電力 10 社合計）

上段：発電施設（万 kW）　中段：発電電力量（億 kWh）　下段：稼働率（%）　（　）：構成比（%）

	水力	火力	原子力	合計
昭和 26 年度 （1951） （再編成時）	576（67.2） 32.3（82.3） 63.9	282（328） 70.1（17.9） 29.5	—	858（100） 102.4（100）
昭和 30 年度 （1955）	799（66.2） 425（78.7） 60.7	409（33.8） 115（21.3） 32.1	—	1208（100） 540（100）
昭和 35 年度 （1960）	1168（57.2） 522（52.2） 51.0	874（42.8） 479（47.8） 526	—	2042（100） 1001（100）
昭和 40 年度 （1965）	1518（42.3） 691（42.4） 52.0	2071（57.7） 939（57.6） 51.8	—	3589（100） 1630（100）
昭和 45 年度 （1970）	1881（33.0） 725（24.7） 44.0	3692（64.7） 2168（73.8） 67.0	132（ 2.3） 46（ 1.6） 40.0	5705（100） 2939（100）
昭和 50 年度 （1975）	2367（24.8） 785（20.3） 37.9	6525（68.3） 2840（73.3） 49.7	660（ 6.9） 251（ 6.5） 43.4	9552（100） 3876（100）
昭和 55 年度 （1980）	2854（22.8） 845（17.4） 33.8	8090（64.7） 3185（65.7） 44.9	1551（12.4） 820（16.9） 60.4	12495（100） 4850（100）
昭和 60 年度 （1985）	3306（22.0） 807（13.8） 27.9	9260（61.7） 3444（59.0） 42.5	2452（16.3） 1590（27.2） 740	15019（100） 5840（100）
平成 2 年度 （1990）	3632（21.1） 881（11.9） 27.7	10432（60.6） 4481（60.8） 49.0	3145（18.3） 2012（27.3） 66.6	17212（100） 7376（100）
平成 7 年度 （1995）	4199（20.9） 854（10.0） 23.2	11816（58.7） 4782（55.9） 46.2	4119（20.5） 2911（34.0） 80.7	20134（100） 8557（100）
平成 12 年度 （2000）	4478（19.5） 904（ 9.6） 23.0	13943（60.9） 5249（55.9） 43.0	4492（20.0） 3219（34.3） 81.8	22913（100） 9396（100）
平成 17 年度 （2005）	4574（19.1） 813（ 8.2） 20.3	14355（60.1） 5973（60.2） 47.5	4958（20.8） 3048（30.8） 70.2	23887（100） 9889（100）
平成 22 年度 （2010）	4667（19.1） 858（ 8.5） 21.0	14711（60.6） 6209（61.7） 48.2	4896（20.1） 2882（28.6） 67.2	24387（100） 10064（100）

電事連データベース（2012）をもとに作成

表 3.3　原発導入後の電力需給

供給下段：稼働率（%）（　）：構成比（%）

	供給（発電電力量）億 kWh			需要（消費電力量）億 kWh			
	火力	原子力	除原子力*)	電灯電力	一般電力	大規模電力	合計
昭和40年（1965）	939（576）51.8	—	—	283（19.7）	330（22.9）	827（57.4）	1440
昭和45年度（1970）	2168（73.8）67.0	46（1.6）40.0	2950	517（19.9）	641（24.7）	1441（55.4）	2599
昭和50年度（1975）	2840（73.3）49.7	251（6.5）43.4	4700	824（23.6）	997（28.6）	1653（47.4）	3490
昭和55年度（1980）	3185（65.7）44.9	820（16.9）60.4	5650	1052（24.1）	1409（32.3）	1903（43.6）	4364
昭和60年度（1985）	3444（59.0）42.5	1590（27.2）740	6350	1333（25.5）	1845（35.4）	2041（39.1）	5219
平成2年度（1990）	4481（60.8）49.0	2012（27.3）66.6	7100	1774（26.9）	2334（35.4）	2481（37.7）	6589
平成7年度（1995）	4782（55.9）46.2	2911（34.0）80.7	7950	2247（29.7）	2776（36.7）	2547（33.6）	7570
平成12年度（2000）	5249（55.9）43.0	3219（34.3）81.8	9250	2546（29.3）	3163（36.4）	2670（30.8）	8379
平成17年度（2005）	5973（60.2）47.5	3048（30.8）70.2	9500	2813（31.9）	3276（37.1）	2738（31.0）	8826
平成22年度（2010）	6209（61.7）48.2	2882（28.6）67.2	9700	3042（33.6）	3218（35.5）	2804（3.09）	9064

表3より作成

*）除原子力：火力の稼働率 70%とし、原子力導入前（1965~1970）の水力の実績（700 億 kWh）を加えた値

場への特別高圧による送電システムが構築されました。大規模工場のための原子力であったことを端的に示すものです。

また、同表には、火力の稼働率を原子力が導入される以前の 70%として、水力を同様の実績（1965 ～ 1970）である 700 億 kWh を加え「除原子力」として表示しました。この「除原子力」は、電力需要の合計をすべて上回っています。原子力を全く導入することなく電力の需要に対応できていたことを意味し、電力供給の面からは原発は必要なかったことを示すものです。

今日までの原発導入の建設費は、直接経費としても15兆円を超えます。原発建設にかかわる電源特会や送電線をはじめ周辺施設の建設などの関連経費は膨大になります。その資金は、すべて総括原価方式の下、電気料金に加算されてきました。原発導入後の40年間、この資金をもとに火力による地球環境問題などへの対策、スマートグリッドなど新たな送電システムなどの技術開発、さらには自然（再生可能）エネルギーの開発、そしてこれに伴う新たな産業の開発など電力需給にかかわる今日的課題に十分対応が可能であったはずです。そして何よりも重要なのは今回の原発大災害は存在しなかったということです。

（『経済』2013.2「原発に依存しないエネルギー政策（本島）」の一部を加筆修正）

４．原発に依存しない社会へ　─自然エネルギーの地産地消による新しいまちづくりを！

自然エネルギーは、太陽と地球が存在する限り再生可能であり、無限なエネルギーです。太陽エネルギーは、太陽の光と熱、間接的には風、波浪、海流、さらには水力（降水・雨、雪）などがありバイオマスもあります。地球自身の地熱エネルギー、そして月の引力による潮汐エネルギーがあります。

自然エネルギーは、地域固有のエネルギーです。それは、地域固有の財産であり、地域の文化、生活の向上と産業の発展のために利用されなければなりません。その開発は、地方自治体と地域住民の協働による推進が重要です。

自然エネルギーの固定価格買取り制度（2013.7）が導入され、自然エネルギーの開発がすすんでいます。認可容量は7,200万kW（2014.7現在）を上回ります。制度開始以来、その固定買取り価格は１兆円を超え、全て電気料金に加算されています。

認可容量の内、太陽光は6,934万kW 96%を占め、太陽光偏重が問題になっています。この太陽光の内、住宅用（10kW未満）は、300万kWに過ぎません。その大半は非住宅用（10kW以上）で、3,793万

kW、55%は1,000kW以上のメガソーラーです。メガソーラーの大半は大手開発会社によるもので、その電力は地域外に送電されることになります。地域固有の財産の流出に外なりません。

地域固有の財産を、地域の文化、住民の生活向上そして産業の発展・新しい産業の創出に利用するために、地方自治体と地域住民の協働による開発、エネルギーの地産地消、新しいまちづくりが求められています。

今日、国策による大企業主体の貿易立国・外需主導による産業構造の下で、地方行政は特に財政の面で、政策の面でも国政の影響を強くうけ困難を強いられています。

原発に依存しない、地域固有の財産である自然エネルギーを開発し地産地消することは、地方自治体と住民のとの協働による新しい地方自治体、まちづくりであり、地域住民自らの手による新しいエネギー政策、システムへの具体的な転換、そして新しい日本を展望する課題です。

それは、内需主導の産業構造を地域から構築するものです。それは、自然と共生した循環系社会を展望するものです。そして、この自然エネルギーによるまちづくりは、思想、信条、保守・革新を超えた全市民的課題であり、その協同が求められています。

参考資料、文献

・「電気事業のデータベース（INFOBASE)」（電事連）
・『電気事業便覧』（電事連編）
・「需給検証委員会報告（2012.5)」（国家戦略会議・需給検証委員会）
・『原・正力・CIA』（有馬哲夫　2011　新潮新書）
・『新版　原子力の世界史』（吉岡　斉　2012　朝日新聞出版）
・汚染水処理対策委員会資料

原発の耐震安全性問題と新規制基準

立石雅昭

福島原発の過酷事故を経て１年６ヶ月後に発足した原子力規制委員会はその10ヶ月後の昨年７月には原子力発電所の新しい規制基準を決定しました。そして、原子力規制委員会はその１年後にあたるこの７月16日、九州電力川内原発（鹿児島県川内市）が規制基準に適合しているとする審査書案を示し、形式だけのパブコメをへて、９月10日に確定させました。この判断を受け、立地自治体である鹿児島県薩摩川内市と鹿児島県は，住民・国民の不安や危惧を無視して、10月下旬から11月にかけて、「地元同意」を表明しました。川内原発についてはまだ、工事計画や保安規定などの審査が行われているさなかですし、なにより事故の際に住民の被ばくを防ぐための実効性のある防災・避難計画が策定できていません。さらに、日本火山学会原子力問題対応委員会が「火山ガイドの見直し」を提言している中での，再稼働ありきの強引な動きです。規制委員会は続いて福井県の高浜原発について基準適合とする審査書案をパブコメにかけています。

一方で、この間、原発ゼロを求める国民的な運動の面でも、その前進を反映した重要な動きもあります。一つは、昨年４月発足した原子力市民委員会（座長：船橋晴俊法政大教授）が１年の議論を経て、この４月に「原発ゼロ社会への道」をまとめたことです。この「大綱」では原発ゼロ社会の実現に向け、様々な視点・観点から包括的に課題の整理と提案がなされています。また、原発ゼロを求める運動の一環として展開されている原発の建設・運転差し止め訴訟に関わって、５月21日に福井地方裁判所が大飯原発について出した判決は、日本国憲法下で最優先されるべき人格権をもとに、運転差し止めを命じた画期的な判決でした。

多くの国民の原発再稼働反対の声を無視し、規制委員会は各地の原発について規制基準に適合しているとする判断を次々に下すことが予想されますが、ここでは、規制委員会による川内原発の安全性評価ならびに大飯原発訴訟判決における地震動評価を軸に、原発の耐震安全性に関わって何が問題なのかを整理します。

1．地震動評価の「厳格化」の欺瞞

新規制基準では、共通要因故障を引き起こす自然現象にかかわる想定の大幅な引き上げを唱っています（新規制基準概要）。既往最大を上回るレベルの津波を「基準津波」とし、それへの対応を求めた津波対策は福島原発事故を踏まえて強化されたといえますが、地震については基本的に 2006 年の「耐震設計審査指針」を踏襲したものに過ぎません。規制基準概要では、地震について次の 3 点を強化・明確化したとしています。①地盤の「ずれや変形」に対する基準、②活断層の認定基準、③より精密な基準地震動の策定、です。規制基準で強化したとするこれらの点は川内原発や福井嶺南地域の原発の審査過程で、欺瞞に満ちたものであることが明らかになりました。

2．基準地震動・地震の増幅過程の過小評価

まず、規制基準概要で地震に関わって強化したとする「③より精密な基準地震動の策定」についてです。原発の耐震安全性を確保するには、解放基盤における基準地震動の評価と、それをもとに、原発建屋の基礎に襲来する地震動を正確に予測することが必要です。しかし、大飯判決で厳しく指摘されたように、2005 年以来、女川、福島第 1、志賀、柏崎刈羽の 4 原発で、7 回にわたって、設計値を上回る地震動が記録されています（表 1）。このうち、2007 年の中越沖地震（M 6.8）では柏崎刈

羽原発の全号機（7機）においてすべての周期で設計基準値を大きく上回りました。中越沖地震が柏崎刈羽原発の敷地にとりわけ大きな地震動をもたらした要因については、東京電力や強震動研究者によって解析されましたが、十分に明らかにされたとは言えません（立石、2007)。中越沖地震では、柏崎刈羽原発敷地内の１～４号機側と５～７号機側では揺れに2倍以上の差がありました。なぜこうした大きな違いが出たのか、解析は不十分です（立石、2013)。にもかかわらず、中越沖地震後、各電力事業者は2006年に改訂された耐震設計審査指針に沿うとともに、中越沖地震による柏崎刈羽原発被災の教訓を参考にしたとして、2009年には新しい基準地震動Ssを算定し、原子力安全委員会と原子力安全・保安院によるバックフィット審査を受け、多くは妥当との判断を受けました（表2)。福島事故前には、まだ審査を終えていないものも含めて、すべての原発が稼働していたのです。ところが、2009年8月の駿河湾地震（M6.5）で、中部電力浜岡原発は５号機だけが、他の号機に比して、２～４倍という大きな地震動を受けました。ある号機のみが大きな地震動を受ける要因は未知の地下地質構造によるものと考えられていますが、その解析途上で浜岡原発は再稼働しました。

基準地震動や建屋基礎版に入力する地震動を精度良く予測するには、まず、震源断層の位置と規模、ずれの量、アスペリティーの位置と性状、応力降下量などの震源特性を精度良く把握することが求められます。しかし、この震源断層の位置や規模に関わって、電力事業者の杜撰な調査報告が続いています。例えば、川内原発に関わって、九電による音波探査断面の調査報告は、地震調査研究推進本部の地震調査委員会長期評価部会の活断層分科会で「海底面まで変位が及んでいるにもかかわらず、活断層が描かれていない」とか、「とにかくひどいものである。最もひどいのは海底面まで断層変位が及んでいるにもかかわらず，断層の存在を全く無視していることである」といった厳しい批判がなされました。この活断層分科会による評価結果は、地震調査研究推進本部地震調査委

表1　日本の原子力発電所で設定した基準地震動を上回って観測された地震

女川原発	2003年5月	宮城県沖地震	M7.2	
	2005年8月	同　上	M7.2	震源距離84km
	2011年3月	東北地方太平洋沖地震	M9.0	
	2011年4月	宮城県沖地震（余震）		
志賀原発	2007年3月	能登半島地震	M6.9	
柏崎刈羽原発	2007年7月	中越沖地震	M6.8	
福島第1原発	2011年3月	東北地方太平洋沖地震	M9.0	

表2　日本の原子力発電所の基準地震動

原発名	活断層・地震名	新基準地震動Ss	旧基準地震動S2
泊	特定せず	550	370
東通	〃	600（450）	375
女川	宮城沖地震（M8.2）	1000（580）	375
福島1	敷地下方の断層（M7.1）	600	370
福島2	〃	600	370
柏崎刈羽	F-B断層	2300（1209）	450
浜岡	東海地震　（M8.0）	800	600
志賀	笹波沖断層　（M7.6）	600	490
美浜	C断層　　（M6.9）	600	405
高浜	F0-A断層　（M6.9）	700（550）	370
大飯	〃	856（600）	405
島根	宍道断層　（M7.1）	600	456
伊方	中央構造線の一部　（M7.6）	570	473
玄海	特定せず	500	370
川内	〃	620（540）	372
敦賀	浦底ー内池見断層（M6.9）など	650	532
東海2	特定せず	600	380
もんじゅ	C断層　（M6.9）	600	466
六ヶ所再処理	出戸西方断層　（M6.5）	600（450）	375

注）新基準震動Ssは2009年のバックチェック中間報告に際して改められた。再稼働申請に当たって、いくつかの原発ではさらにアップされている。なお、柏崎原発については1～4号機の基準地震動Ssと5～7号機の基準地震動Ssでは2倍近い差がある。

員会（2012）によってまとめられています。にもかかわらず、九電は自らの調査報告を正しいと主張し続けています。震源断層を恣意的に過小に評価するというより、正しく評価する力がないと言った方が正しいでしょう。同じことは北陸電力でもいえます（本報告集における児玉一八報告参照）。東北地方太平洋沖地震の過小評価が厳しく問われたにもかかわらず、電力事業者は、福井嶺南地方の原発群なども含めて、多くの原発や関連施設に関わって、相変わらず、震源断層の過小評価を続けています。

震源断層が仮に精度良く求められたとしても、原発施設が受け得る地震動を精度良く予測するには、震源から発する地震波が伝搬・増幅する特性のそれぞれを解明しなければなりません。これらの特性は地下の岩石や地層の分布、地下地質構造、そして、そこに働く応力によって大きく異なってきます。地下地質構造の地震動の伝搬・増幅過程への影響は解明のための努力が続けられている発展途上にある領域です。現時点では原子力発電所関連施設への影響を算定するに必要な要素を小さくすることが可能なのです。だからこそ、より安全サイドにたって検証するという姿勢を貫かない限り、原発の安全性は担保できません。断層の連動問題も未解明です。

そもそも、基準地震動を策定する手法として定められている「震源を特定して策定する地震動」で用いられる耐専スペクトル法や断層モデルにはなお重大な欠陥があります。従来の大崎スペクトルに代わって導入された耐専スペクトルですが、国内の地震動の平均でしかなく、実際の地震動はその倍から半分くらいのばらつきがあります。このばらつきを無視して、一律平均で地震動を算定する手法は過小評価になることは明らかです（長沢、2014）。断層モデルについても、通常用いられる入倉ほかのレシピでは地震動が過小評価になることは、地震調査研究推進本部の修正レシピや原子力安全基盤機構（JNES）の報告でも示されています。

さらに、今ひとつの基準地震動策定手法である「震源を特定せず策定する地震動」も、現実に発生した近年の地震、とりわけ敷地近傍の地震データを無視しています。これらの問題点についても長沢（2014）に詳しく解説されています。

3. 活断層の定義と認定

次に、規制基準で強化・明確化したとする「①地盤のずれや変形に対する基準」と「②活断層の認定基準」についてです。ずれや変形を生じる可能性のある活断層の直上に建屋や重要構造物を建ててはならないという基準を導入したこと自体は評価できます。しかし、審査の過程では活断層自体の評価が問われます。規制基準では、今後も活動し、地震を引き起こしうる断層、活断層の定義は原子力の分野だけに通用する定義を使っています。2006年の新耐震設計審査指針で導入した12万～13万年前以降に活動した断層を活断層とする定義を新基準でも基本的に踏襲し、その上で、それ以降の活動が科学的に否定できなければ、40万年前までさかのぼって評価するという新しい要素を含めました。一方、地震調査研究推進本部では2010年に活断層の活動年代として40万年を評価の目安にすることを決めています（地震調査研究推進本部地震調査委員会、2010）。なぜ、原発においては活断層の活動年代の評価に当たって、一般の地震を引き起こしうる断層の評価基準より甘くするのでしょう。

さらに、原発の耐震安全性に関わる重要なポイントは、日本の多くの原発は、この断層の活動年代に関する国の基準がないときに審査されたものだということです（表3：注1参照）。そして残りの原発は1978年に活断層の活動年代を5万年前以降とする指針ができて以降、その基準で審査され、建設が許可されてきました。今ある原発のすべてが、活断層の活動年代に関する国の基準がないとき、そしてあったとしても5万年という基準で造られたのです。2006年に改定された新耐震設計審査

表３　日本の原発の解放基盤面の深度分布

電力	発電所（注１）	解放基盤表面の位置（注２）	電力	発電所（注１）	解放基盤表面の位置（注２）
北海道	泊１	EL　+2.3	北陸	志賀１	EL　-10
	泊２	EL　+2.3		志賀２	EL　-10
	泊３	EL　+2.8	関西	美浜１＊	EL　-14.0
東北	東通１	GL　-29.3		美浜２＊	EL　-15.5
	女川１＊	GL　-16		美浜３＊	EL　+1.0
	女川２	GL　-28.9		高浜１＊	EL　+1.0
	女川３	GL　-28.9		高浜２＊	EL　+1.0
東京	福島第１－１＊	GL　-206		高浜３	EL　+1.5
	福島第１－２＊	GL　-206		高浜４	EL　+1.5
	福島第１－３＊	GL　-206		大飯１＊	EL　+3.9
	福島第１－４＊	GL　-206		大飯２＊	EL　+3.9
	福島第１－５＊	GL　-209		大飯３	EL　+6.0
	福島第１－６＊	GL　-209		大飯４	EL　+6.0
	福島第２－１＊	GL　-180	中国	島根１＊	TP　-10
	福島第２－２＊	GL　-180		島根２	TP　-10
	福島第２－３	GL　-180		島根３	TP　-10
	福島第２－４	GL　-180	四国	伊方１＊	EL　+10
	柏崎１＊	GL　-289		伊方２＊	EL　+10
	柏崎２	GL　-255		伊方３	EL　+10
	柏崎３	GL　-290	九州	玄海１＊	EL　-15.3
	柏崎４	GL　-290		玄海２＊	EL　-15.3
	柏崎５	GL　-146		玄海３	EL　-15.0
	柏崎６	GL　-167		玄海４	EL　-15.0
	柏崎７	GL　-167		川内１＊	EL　-18.5
中部	浜岡１＊	GL　-20		川内２	EL　-18.5
	浜岡２＊	GL　-20	原電	東海第２＊	EL　-370
	浜岡３	GL　-20		敦賀１＊	EL　-10
	浜岡４	GL　-20		敦賀２	EL　-10
	浜岡５	GL　-22	電源開発	大間	TP　-260

注１）号機の欄に「＊」を付しているのは耐震設計審査指針策定前のプラントで，解放基盤表面が設定されていなかった。耐震バックチェックにおいて新たに設定した。

注２）解放基盤表面位置の出典は，設置許可申請書、工事計画認可申請書、バックチェック中間報告書等による。

注３）ＥＬ：標高、ＧＬ：地表面、ＴＰ：東京湾平均海面

注４）泊１～３号、東通１号、女川１～３号については、基準地震動を解析モデルへ直接入力しているので，解析モデルへの入力位置を示す。

指針で、私を含めた多くの研究者の批判を受け、活断層の活動年代をそれまでの5万年から新しく12～13万年と改められましたが、この基準でもって審査された原発は、電源開発が青森県下北半島の突端に建設しようとしている大間原発だけです。まして、12～13万年前以降活動した履歴がなければ、その断層は今後も活動しないとする科学的根拠はありません。

また、地表に活断層として現れた断層だけが地震を引き起こすのではありません。M7クラスでも地表に痕跡を残さないこともあることは周知の事実です。従って、原発の耐震安全性を考えるには、おおよそ1千数百万年前からの新生代といわれる新しい時代に堆積したような地層（これを新生界と呼びます）が褶曲変形しているような場では敷地直下、深さ数kmから10kmで、M7クラスの地震を想定する必要があるでしょう。当然、わずかでも地表に活動の痕跡がある断層では、その地下にM 7クラスの地震を想定するべきです。規模が小さいから地震を引き起こさないという論議は成り立ちません。

4. 専門家による活断層評価について

政府・規制委員会による「再稼働ありき」の安全審査に関わって、変動地形や断層運動に関する専門家による原発敷地内の活動層の判断が進められています。この専門家による現地調査を含む敷地内断層の評価自体は、新しい規制体制のもとで導入されたシステムです。評価原発は、規制委員会の前身の原子力安全・保安院時代に、従来の審査過程で見過ごされた敷地内の断層の評価に関して、特に問題があると考えられた6カ所（東北電力の青森県東通原発、北陸電力の石川県志賀原発、関西電力の福井県大飯・美浜原発、日本原電の福井県敦賀原発、原子力研究開発機構の福井県高速増殖炉もんじゅ）とされ、新規制委員会発足後次々に有識者会合として現地調査を含めた評価が行われてきました。北陸電力による志賀原発を除いて、すでに一定の評価がなされていますが、この専門家による評価過程の重大な特徴は、規制委員会における有識者会合の評価に電力事業者が激しく抵抗していることであり、それを支える研究者集団がいることです。比較的規模の大きな活断層は別にして、規模の小さな断層が活断層か否かを判断するのは確かに簡単ではありません。研究者誰もが活断層だと判断する統一した認定基準は現時点では明確ではありません。しかし、原発の安全性を考えるに当たって、活断層である危惧が科学的に排除されない限り稼働を認められない、という最低限の「安全文化」の確立が必要です。

11月19日、敦賀発電所の敷地内破砕帯の調査に関する有識者会合が開催されました。原電の福井県敦賀原発については、昨年５月に評価結果がとりまとめられていましたが、日本原電はこれを受け入れず、昨年７月に「追加報告書」なるものを提出し、再評価を求めていたものです。その再評価の結果、11月９日の有識者会合は、「敦賀で原子力発電所２号炉原子炉建屋直下を通るD-1破砕帯は後期更新世（著者注、12～13万年前以降）の活動が否定できず、従って、設置許可基準規則解釈における『将来活動する可能性のある断層等』であると判断する」とした報告を大筋で了承しました。これに対して原電は「一方的な決めつけで事実誤認がある」とあくまでも審議を続けるよう求めるとしています。そもそも、敷地の中に研究者が一致して認める「浦底断層」を「活動性がない」と否定して、敦賀原発を稼働してきた原電の断層判定能力自体が問われてきたにも関わらず、それに対しての反省もなく、科学的に活動性を否定できない断層を「活断層でない」と主張する原電の体質そのものが問題です。敦賀原発は直ちに廃炉にするべきです。規制委が有識者会合で審査してきた敷地内断層についてはすでに評価が確定したとされる大飯原発のほかは審査が継続されています。

この規制委員会の有識者会合による断層評価自体は一定評価できますが、大きな問題もあります。それは、現地調査や評価が６カ所に限られているということと敷地内の断層に限られていることです。敷地内に原子炉建屋直下を含めて23本もの断層がある東京電力の新潟県柏崎刈羽原発や、原子炉建屋に直近して平行して数本の断層が走る中部電力の静岡県浜岡原発については、専門家による判断を避けています。また、有識者による活断層の評価は敷地内の断層に限定され、敷地周辺に存在する断層の評価や、敷地周辺の最近の地殻変動に関してはいずれの原発についても避けていることです。敷地の中の断層の性状や活動性は、周辺の断層活動や地殻変動との関わりでこそ、解明されるべきものです。この点で、筆者はこの間、地元の住民団体や研究者グループとの共同の調査で現在の規制委員会による審査の問題を指摘してきました（立石、2013）が、原発ゼロをめざして、引き続き、奮闘したいと思います。

参考文献

原子力市民委員会（2014）原発ゼロ社会への道－市民がつくる脱原子力政策大綱。原子力市民委員会。241p.（なお、その簡易版が宝島社から「脱原子力政策大綱」として刊行されています）

地震調査研究推進本部 地震調査委員会（2010） 活断層の長期評価手法（暫定版）報告書。地震調査研究推進本部。117p. http://www.jishin.go.jp/main/choukihyoka/ katsu_hyokashuho/honpen.pdf

地震調査研究推進本部 地震調査委員会（2012）九州地域の活断層の長期評価（第一版）。地震調査研究推進本部。http://www.jishin.go.jp/main/chousa/13feb_chi_kyushu/k_ honbun.pdf

長沢啓行（2014）1000ガル超の「震源を特定せず策定する地震動」がなぜ採用されないのか。若狭ネット第150号, 9-35。http://wakasa-net.sakura.ne.jp/news/150jnes.pdf

立石雅昭（2007）中越沖地震と柏崎刈羽原子力発電所－全原発の耐震設計の早急な再検討を。日本の科学者、V ol. 42, 42-47.

立石雅昭（2013）地震列島日本の原発－柏崎刈羽と福島事故の教訓。東洋書店、165p.

第6章 住民と科学者の調査が明らかにした志賀原発周辺の活断層問題

児玉一八

北陸電力・志賀原子力発電所（石川県羽咋郡志賀町。1号機：電気出力54.0万kW、沸騰水型軽水炉（BWR）、2号機：同135.8万kW、改良型沸騰水型軽水炉（ABWR））の北約9kmにあると考えられる富来川南岸断層について、石川県の住民運動と科学者は2012年春から2014年夏にかけて、立石雅昭・新潟大学名誉教授（地質学）の指導のもとで調査を続けてきました。約50人の地元住民が参加して2年間にわたって行われた調査は、石川県内をはじめ北海道から沖縄県までの多くの人々から寄せられたカンパによって支えられ、調査地の地権者からも快い協力が得られました。

福島第一原発事故をふまえて、原発が立地する各地で周辺や直下の活断層が問題になっていますが、原発の耐震安全性と活断層の問題について志賀原発を事例として報告します。

1．内陸地殻内地震と活断層

2011年3月に発生した福島第一原発のシビアアクシデント（苛酷事故）は、東北地方太平洋沖地震（マグニチュード9.0）の地震動と津波を引き金にして起こりました。日本列島は東北日本が北米プレート、西南日本がユーラシアプレートに乗っており、そこに太平洋プレートとフィリピン海プレートがぶつかっているという複雑な地殻構造で成り立っています。そのため、地球中で発生したマグニチュード7以上の地震のうち、約1割が日本で起きています。こうした地震多発地帯の上に約50基というたくさんの原発が建っている国は、世界中で日本しかありません。そして、地震列島の上に原発が建っている危険が顕在化したのが、福島第一原発事故でした。

日本列島で発生する地震は、太平洋に面する地域での大規模な海溝型地震と、規模は比較的小さいけれども狭い範囲に大きな被害をもたらす内陸地殻内地震の２つのタイプに分けられます。

このうち志賀原発の立地する日本海側で起こるのは内陸地殻内地震です。

原発の耐震安全性の審査がどのようにして行われているのか、かいつまんで説明します。電力会社が原発の新設や増設を経済産業大臣に申請して安全審査が行われる際に、耐震設計方針が妥当であるか否かを判断するために使われるのが「発電用原子炉施設に関する耐震設計審査指針」（指針）です。この指針に基づいて原発の建設から運転まで、十分な地震対策が施されているか否かを判断するうえで重要なのは、「最大の地震を考慮した設計」になっているかどうかです。

日本初の商業用原発である原電・東海原発が営業運転を開始したのは1966年７月ですが、指針はそれから12年も後の1978年９月に制定され（81年７月に建築基準法の改訂をふまえて改めて決定）、2006年９月に28年ぶりに大幅な改訂が行われました。改訂された指針（新指針）は、「（原子炉施設の）耐震設計において基準となる地震動は、（一部略）施設の共用期間に極めてまれではあるが発生する可能性があり、施設に大きな影響を与えるおそれがあると想定することが適切なものとして策定しなければならない」としました。そして、この地震動（基準地震動S_Sといいます）を「敷地ごとに震源を特定して策定する地震動」と「震源を特定せずに策定する地震動」の２種類について、敷地の解放基盤表面（工学的基盤の上にかぶさっている表層地盤を取り去った状態のことで、仮想的に設定されるものです。なお、工学的基盤は工学モデル上それより先は考えなくてもよいと思われる程度に固い地盤のことで、地質学上の定義ではありません）における水平および垂直方向の地震動として策定すると定めました。「敷地ごとに震源を特定して策定する地震動」は、「敷地周辺の活断層の性質、過去及び現在の地震発生状況等を考慮し、さらに地震発生様式等による地震の分類を行ったうえで、敷地に大きな影響を与えると予想される地震（検討用地震）を、複数選定すること」と規定しています。「震源を特定せずに策定する地震動」を策定するのは、原発に大きな影響を与える可能性がある地震をすべて「敷地ごとに震源を特定」するのは困難で、予測できなかった大地震が発生して原発につよい揺れをたびたびもたらしたからです。

志賀原発などの日本海側に立地する原発においては、「敷地ごとに震源を特定して策定する地震動」を策定する上で、内陸地殻内地震の震源を特定するために活断層の認定がたいへん重要になります。ところが、原発の新増設を申請する電力会社も安全審査を行う国も、いずれも活断層を適切に認定する能力を著しく欠いていることが、日本の各地の原発で大きな問題になっています[1, 2]。

活断層の定義は、中田高・今泉俊文の「最近数十万年の間に概ね千年から数万年の間隔で繰り返し活動し、その痕跡が地形に現われ、今後も活動を繰り返すと考えられる断層」が明快で合理的です[3]。活断層の認定は、断層面が見えているか・見えていないかだけで判断するものではありません。地下の深いところで断層運動がおきていることを想定しなければ、およそ数十万年前以降（第四紀後期以降）の地層において他の要因では説明できない現象を見出すことが、活断層を認定する基本となります。例えば、能登半島で1970年代から活断層の研究を行ってきた太田陽子らは、次のような方法で活断層を認定しています[4]。

――まず２万分の１の空中写真の判読によって、ある程度の延長をもつ直線状の谷や急崖、いくつかの小さな谷や鞍部（注：山の尾根がくぼんだ所）が直線状に配列するものなどを選び出した。これらのうち、下記の条件の何れかをもつものを活断層とみなした。すなわち、(1)

本来海側に向って穏斜する平坦な海成段丘面上に、旧汀線（注：汀線は海岸線のこと）側に向いた急崖があり、その海側の部分が高まっている場合、(2) それに伴ってみかけ上、上昇した側の段丘面が異常なふくらみや傾きをもつ場合、(3) 扇状地の末端が直線状の急崖で終る場合、(4) 扇状地が上流に向って逆傾斜する場合、などである。以上の場合には海成段丘または扇状地形成後の変位が明らかであるので、第四紀の後半以降（注：第四紀は現在の定義では258万年前から現在までの時期）に活動した活断層であると認定できる。

ところが日本の原発耐震安全審査においては、活断層が見えるかどうかが重視されてきてしまったため、見えない場合には「活断層はない」と判断されたり、実際の長さよりも過小に評価されてしまいました。このことが今、各地の原発サイトでさまざまな問題をおこしているのです[5)]。

2. 地殻変動を記録する海成段丘

日本の原発はすべて、海岸線の近くに立地しています。海岸線の位置は、海岸での侵食・運搬・堆積といった作用のために比較的短時間で変化しますが、長期間には陸地が隆起したり沈降したり、あるいは海面が昇降することによって変化します。海面の変化が、海側と陸側のどちらの原因によるものかを分離することが困難なので、どちらが主原因であれ、陸地側が相対的に下降する動きを沈水、反対に陸地側が上昇する動きを離水とよんでいます。一方、海のほうから見て、陸地に海水の進入する場合を海進、反対に海のほうが後退する場合を海退といいます。離水がおこると、それまでの海底の一部分だったところが水面上に現われて新しい陸地が形成されます。

離水した海底の前面に新たに海食崖（海に面した山地や大地で、おもに波による侵食を受けてできた崖）が作られると、階段状の地形である海成段丘が形成されます[6)]。

海成段丘の内縁にあたる旧汀線は、海岸地域での地殻の上下運動を示す重要な地形です。日本列島は多くの段の海成段丘にとりかこまれているので、旧汀線の高度に着目した多くの地殻変動の研究が行われてきました。今から約13～12万年前は温暖期で、現在よりも少し海面が高い状態で安定していたため、広い平坦面が形成されました[7]。この平坦面に由来する海成中位段丘面は日本に広く分布していて面の保存も良いため、しばしばM1面（よく発達する中位の段丘面のうち主要な面の意味）と呼ばれています。面が平坦なので地殻変動によって形成された異常を記録しやすく、近年は原発の耐震安全性に関連して注目されてきています[8]。

志賀原発が立地する能登半島は、半島のほぼ全体で海成段丘が発達していて、山地の内部にまで十数段にわかれた海成段丘が広く発達しているため、北陸地方の中でもきわめて特異な地域として知られています。能登半島に広がる海成段丘面のなかでも、とくに中位段丘面はよく連続していて、面の広さと保存がよいことが知られています。海成中位段丘（M1）面は、①もっとも広域に連続的に追跡でき、一般に原面の保存がよいこと、②大きな谷の河口付近では谷を埋める堆積物からなり、海進を示すことなどから、最終間氷期最盛期（約13～12万年前。海洋酸素同位体ステージ（MIS。水分子（H_2O）をつくる酸素（O）には質量数が異なる2種類の同位体―酸素16（^{16}O）と酸素18（^{18}O）―があり、海水に含まれる酸素の同位体比は気温の変動と相関があることが知られています。海底に堆積した有孔虫に含まれる酸素同位体比を測定して、過去数百万年に及ぶ気候の温暖・寒冷の変動を区分したのが、海洋酸素同位体ステージです。数字が小さいほど時代が新しく、奇数が温暖期、偶数が寒冷期です）5e）の海成段丘にあたると考えられています。

能登半島全体の旧汀線高度は場所によって大きく異なっていて、海成中位段丘（M1）面の高度は北端では約120mに達しますが南部では20m以下まで低下しています。しかし、半島全体が一様に南に向かって低下しているのではなく、いくつかの不連続があって、能登半島は旧汀線高度が異なった10の地塊（断層などによって隣接部分と境されている地殻の塊）に分かれています。それぞれの地塊の中でも、北が高くて南が低い傾向があり、能登半島は南下がりの傾動地塊（断層運動にともなって一方に傾いた地塊）の集合ということができます。それぞれの地塊の境界には活断層が存在すると推定されますが、多くの場合、異なる地塊が接する境界部には谷が発達しているので、断層変位地形そのものを認めることは難しいとされています。M1面より高位の段丘面では、開析（面が連続していた地形が、川によって侵食され谷が数多く刻まれること）が進んでいます[9,10]。

3．志賀原発と富来川南岸断層

志賀原発が立地する能登半島中部の西岸には、海岸線にそって海成中位段丘が分布しています（図1）。太田陽子ら[4]、太田・平川[11]は、志賀原発の北約9kmを北東から南西に向かって流れる富来川をはさんで、海成中位段丘面の高度が南と北で大きく異なっていることをふまえて、富来川に沿って断層が存在すると推定しました。この断層が、石川の住民・科学者が2年間にわたって調査してきた「富来川南岸断層」です。

渡辺・鈴木は2012年に、能登半島中部の西岸に沿って分布する海成中位段丘が、志賀原発の南の志賀町赤住から、富来川の左岸（南岸）へ北に向かって次第に高度を上げていき、一転して富来川の右岸（北岸）で大きく高度を下げることから、富来川南岸に活断層があることを主張しました（図2（a））[12]。これに対して北陸電力は、志賀町福浦港の北から富来川の左岸にかけて分布する平坦面は、主に土石流堆積物や砂丘堆積物からなる扇状地であって海成中位段丘は分布しておらず、富来川の左岸と右岸で中位段丘の高度は有意に異なっていないとして、富来川南岸断層は活断層ではないと主張しています（図2（b））[13]。

志賀原発周辺の周辺から福浦港にかけて分布する平坦面と、富来川の右岸（北岸）に海成中位段丘の堆積物があることについては、渡辺・鈴

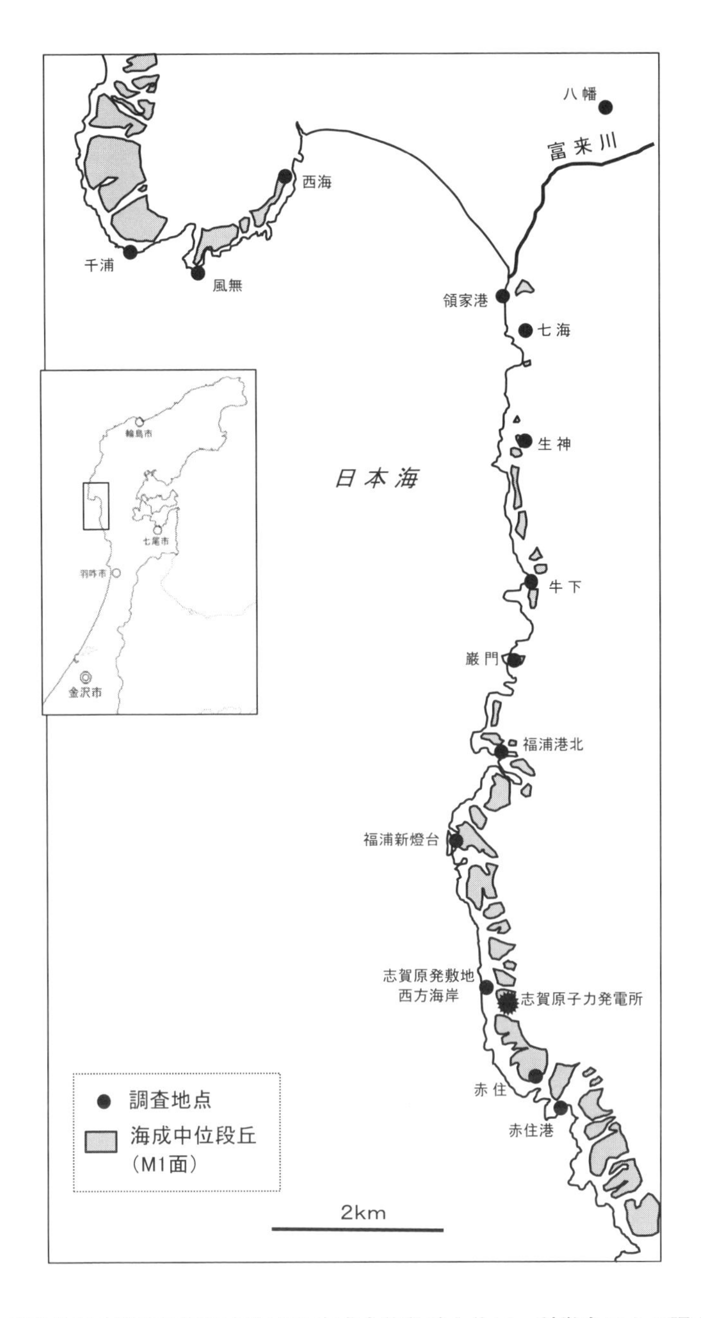

図１　能登半島中部の西岸に分布する海成中位段丘と住民・科学者による調査地点

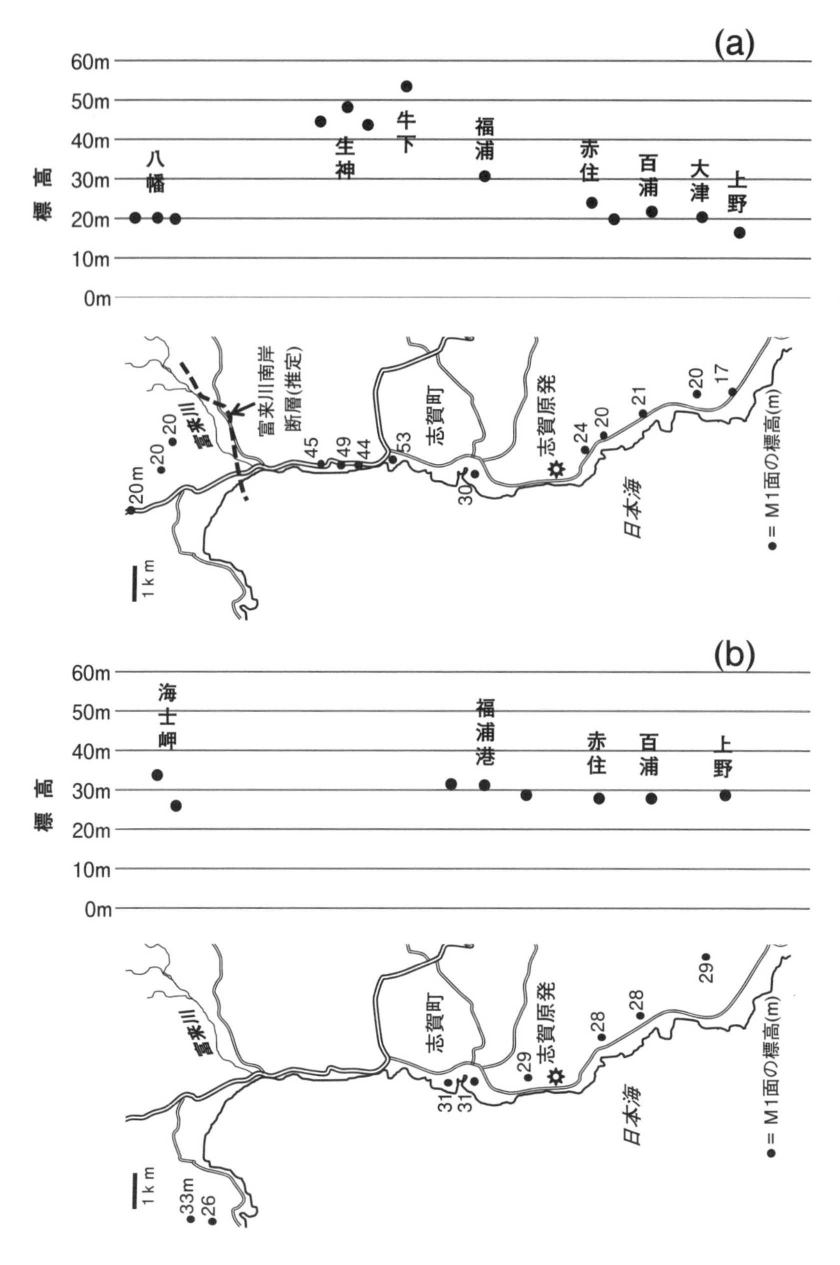

図２　能登半島中部の西岸に分布する海成中位段丘面の高度分布。(a) は渡辺・鈴木の論文[12]、(b) は浜田昌明らの論文[14] から作成

木[12]、小池・町田[9]、北陸電力[14]のいずれもが認めています。したがって、富来川南岸断層の活動性を検討するにあたって問題となるのは、志賀町福浦港の北方から富来川の左岸（南岸）までの間の海岸にそって分布する平坦面に、海成段丘の堆積物があるのか・ないのかということです（図1）。

石川県の住民と科学者は2012年の春から、この地域で調査を行いました。

4. 地層に刻まれたかつての海岸の環境

志賀町福浦港の北方から富来川の左岸（南岸）までの間の海岸にそって分布する平坦面にみられる堆積物が、海成のものなのか、それとも土石流や砂丘によるものなのか、どのように見分ければいいのでしょうか。このことについてご説明しましょう。

地形は、流れの水理学的条件、とくに流速を決める主要な要因です。一般的には、ある共通の特徴をもつ地形に対しては、特有の流れの条件（流速や水深）が存在します。流れの性質が粒子の運搬と堆積の過程を決定するので、地形とこれによって決まる流れの水理学的条件を組み合わせれば、堆積物が集積する環境を特定することが可能となります。

例えば海岸では、波浪や潮汐によって常にうつり変わる流れが生じます。外洋と隔てられた内湾の場合、波浪の影響は小さく、波の押し引きはあっても流れは弱いのが特徴です。一方、外洋に面した海岸では、平常時でも波浪によって比較的強い流れが発生します。平野から陸棚にかけての環境は、海水面が変動することの影響が直接及んでいるため数万年をかけてその様相は大きく変容し、地層にはその過程が記録されていきます。河口から沖浜に至る水域には、潮汐や波浪、津波などの海洋変動が波及し、発生する流れの規模が大きくなると短時間で物質の運搬や集積が集中的に進行します。また、この水域は生物の多様性に富んでいるので、生物の活動による物質の移動や固定も起こっているので、それらの現象が堆積に重複することになります。

堆積物の表面や堆積相の断面には、特有の模様（構造）がしばしば認められます。こうした模様は「堆積構造」と称され、詳細に観察することによって、堆積粒子の色（鉱物）や粒径の違いなどによって成り立っていることがわかります。「葉理」はこうした堆積構造の一つで、砂の表面に一般的に現われ、波の形状を呈しており、自然界のさまざまな条件で観察することができます。葉理を観察することによって、たとえば、斜交葉理の傾斜角やその方向から流れの方位角を推定することで、堆積作用を起こした粒子の形状と流速などを復元することができます。このようなやり方で環境において時間的・空間的に堆積した地層を詳細に観察することによって、海進や海退の変遷を詳細に復元することが可能となり、さらには堆積が起こった場を形づくった断層運動を時系列的に評価することも可能となります。

砂浜海岸では波や沿汀流の強さに応じて、汀線（海岸線）の位置はたえず移動しています。とくに、暴風雨時に海岸に打ち寄せる波浪は、海浜の地形を大きく変化させます。このように汀線の位置や汀線付近に見られる堆積地形は、きわめて短期の海況変化に応じて変化するとともに、一般には、一年を周期とした砂浜の変化が見られます。砂浜海岸を構成する砂や礫は波や流れによって移動し、砂浜特有のさまざまな地形を作ります。

図３は砂浜海岸の模式図で、陸側の高まりから下がっていって汀線になります。ふだん海面の干満によって汀線が行ったり来たりするところは「前浜」、大波がくると、ずっと陸のほうまで打ちあがって砂の高まりをつくることがあり、これを「浜堤」と呼びます。汀線から浜堤のあたりまでが「後浜」、前浜から続いて砂がたまっている海底の部分が「外浜」です。

引き波が比較的弱く、次の砕波による寄せ波をあまり妨害しない建設的な波は、さまざまな粒径の堆積物を浜に打ち上げ、礫などの粗粒物が

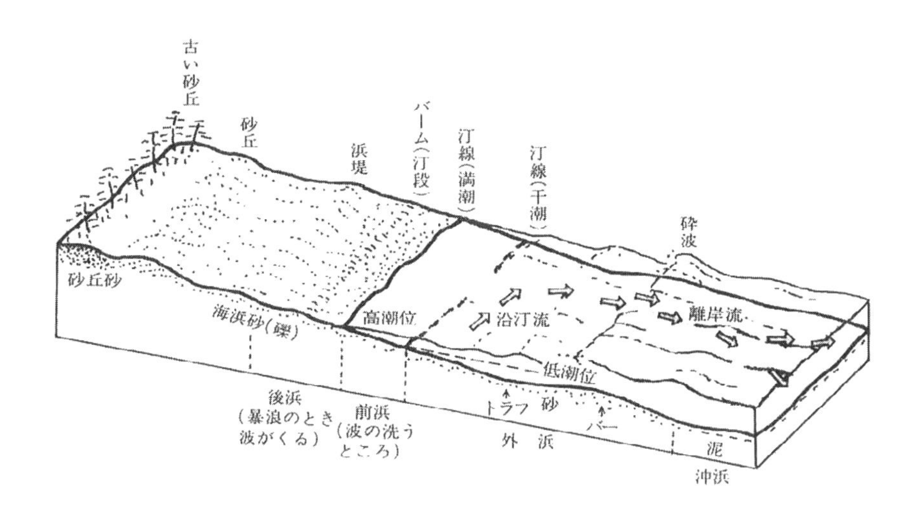

図３　砂浜海岸の模式図と汀線

出典：貝塚爽平『平野と海岸を読む』岩波書店（1992）

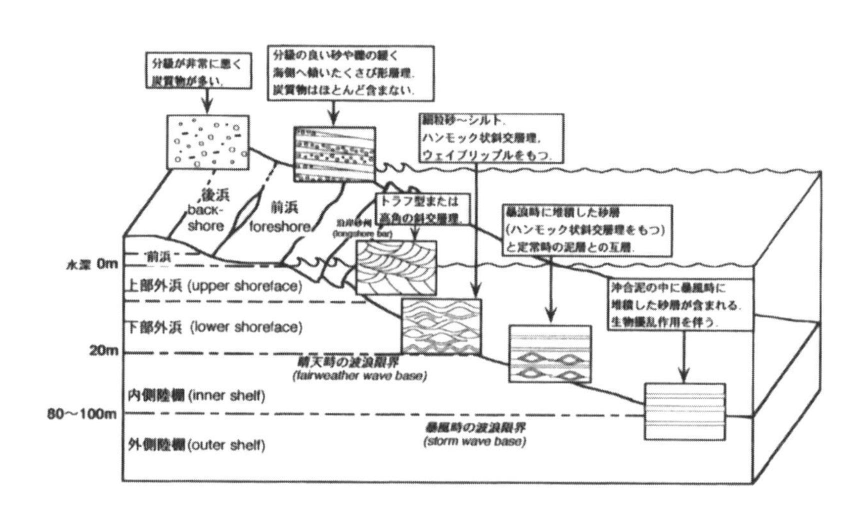

図４　沿岸の堆積物の特徴

出典：保柳康一、公文富士夫、松田博貴『堆積物と堆積岩』共立出版（2004）

その上部に取り残されて、粗粒や礫からなる「バーム（汀段）」が後浜に形成されます。引き波の強い破壊的な波は堆積物を攪拌し、低潮位よりやや深い海底に「トラフ」をえぐります。一部の堆積物は渦に巻き込まれてやや沖のほうに押し流され、トラフの外側に「バー」をつくります。暴風時に発生する強い波は、バーム（汀段）の最高所やそこを乗り上げて礫を打ち上げ、「浜堤」を形成します[6, 16]。

後浜～外浜の堆積構造には、次のような特徴があります（図4）[17]。

後 浜：暴風時に打ち上げられた炭質物や礫などが砂に含まれ、淘汰の悪い堆積物をつくります。

前 浜：ここでは海岸に寄せた波のエネルギーが堆積物につよく作用します。そのため砂や礫は分級され、まったく泥質物を含まない堆積物になります。寄せる波と引く波によって、前浜面上で砂粒の往復運動が起き、前浜断面にはくさび状葉理が形成され、地層断面に保存されることが多いことが知られています。前浜から外浜の堆積物には、これらの環境に特徴的な生痕化石がしばしば見いだされます。

上部外浜（水深約0～6m）：地形的には沿岸砂州とその陸側の水路からなります。これらの地形に支配されて上部外浜では、沿岸砂州で砕波して海岸に向かう流れ、それが戻る時に沿岸砂州によって海岸と並行の流れとなる海岸漂流・沿岸流と、沿岸砂州の切れ目から沖に向かう流れである離岸流などの互いに直行する一方向流が卓越しています。これらの強い一方向流によって、比較的粗い堆積物が平板状もしくはトラフ型斜交層理をつくります。

下部外浜（水深約6～20m）：晴天時波浪限界より浅いので、常に波が海底を動揺させています。そのため、下部外浜の堆積物は泥質堆積物を含まず、淘汰のよい細粒砂から構成されます。嵐の波が形成したハンモック状斜交層理が癒着して積み重なっているのが多いことが知られています。

生痕化石も、堆積物が海成であることを示す証拠です。私たちがまだ固まっていない泥の上を歩くと、その上には靴の跡が残ります。このような足跡が400万年前の地層に残されていれば、この時代に人類がすでに二足歩行をしていたことを示します。こうした生物活動の痕跡を生痕とよび、それらが地層中に残されたものを生痕化石といいます。生痕化石には、堆積物表層に生活する生物の這いまわった跡だけではなく、堆積物中に生活する生物の摂食行動跡・排泄物・巣穴などがあります。そして生痕化石の形態は、それを形成する生物と底質の層相に依存します。砂層の代表的な生痕化石にオフィオモルファ（Ophiomorpha）があります。これは径１～数cm、長さ数cmの管状の生痕化石で、排泄物や泥などでつくられた裏打ちの壁をもち、管はしばしば枝分かれした構造を示します。オフィオモルファは砂質堆積物の中に巣穴をつくる小型の甲殻類（スナモグリなど）によってつくられ、浅海の砂質堆積物に一般的に見られます[17)]。

ここで述べた堆積構造や生痕化石を指標に、志賀町福浦港の北方から富来川の左岸（南岸）までの間の海岸にそって分布する平坦面の調査を行いました。

5. 海成段丘の堆積物はあったのか

このように、地層にはかつて堆積物が集積した頃の海岸の環境が刻まれています。石川の住民・科学者は志賀原発の北に位置する志賀町巖門から富来川の左岸（南岸）にかけて、こうしたことを調査しました。はたして、海成段丘の堆積物はあったのでしょうか、それとも北電の主張するようになかったのでしょうか。以下はその結果です。

志賀町巖門

志賀原発の立地する能登半島中部の西海岸には、岩石海岸が日本海の波で侵食されてできた景勝地が広がっており、朝鮮半島の金剛山の景勝にも匹敵するとして「能登金剛」と呼ばれてきました。巌門は「能登金剛」の南端にあり、松本清張の小説「ゼロの焦点」を映画化した際のロケ地としても知られています。能登半島中部の西海岸を南北に走る県道36号線（志賀富来線）から巌門に向かって西に降りていく道の途中に、2012年に食堂駐車場の拡張に伴って現れた露頭があります（図5左）。この露頭の上の平坦面の標高は38mで、露頭の厚さは5m以上あります。この露頭の堆積物を観察しました。

露頭の最上部には厚さ1m以上の褐色の風化土壌があり、その下位には厚さ4.6m以上の砂層が分布しています。砂層には、砂と泥の互層（露頭の上端から2.6m～4.5m）が見いだされました（図5中）。砂層と泥層の互層は、粒子を運搬・沈着させる営力が頻繁に変わる環境で形成されます。すなわち、海浜でやや大きな波が遡上したり海水が滞留したりする環境で堆積が起こったことを示すもので、砂層が海成である証拠になります。砂泥互層の下位には、重鉱物の多い黒色葉理と軽鉱物の多い灰白色葉理からなる葉理も認められました（図5右）。こうした葉理は、波打ち際で波が寄せたり引いたりした時に、磁鉄鉱、角閃石、輝石などの密度の高い重鉱物が堆積してできるもので、この地層が波打ち際で形成されたことを示すものです。砂層には、黒色の二酸化マンガンに被覆された小さい団塊が散在しているのも見いだされました。これも海で形成されたものであり、堆積した環境が浜辺であったことを示す証拠です。この露頭を南に回り込んだ道路沿いの崖（図6。現在はコンクリートで被覆）では、不整合面に1.5～2cmの穿孔貝の生痕も認められました。

これらのことは、巌門の露頭で見られる地層が汀線の周辺環境で堆積したこと、すなわち、北陸電力が「ない」と主張している海成段丘の堆積物であることを明確に示しています（図6）。

志賀町牛下

巌門のすぐ東を走る県道36号線（志賀富来線）を1kmほど北上す

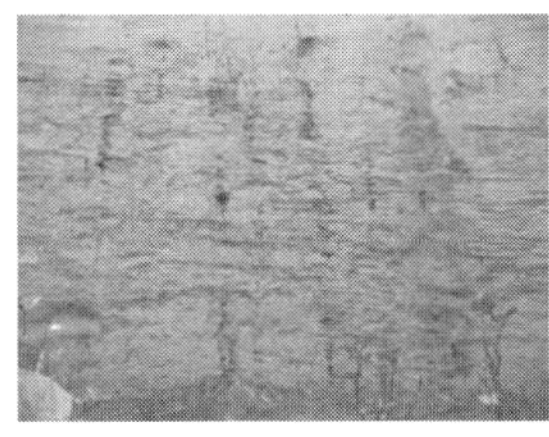
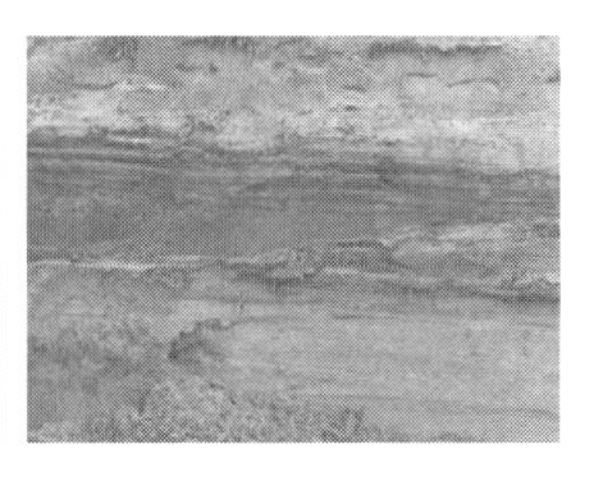

図5　巌門の海成堆積物の露頭（左）とその下部に認められる、砂と泥の互層（中）、ゆるやかに傾斜したくさび状斜交葉理（右）。葉理の黒い層は重鉱物、明るい色の層は軽鉱物からなる（右）

図6　巌門の道沿いの崖。不整合面に1.5～2cmの穿孔貝の生痕化石が認められた

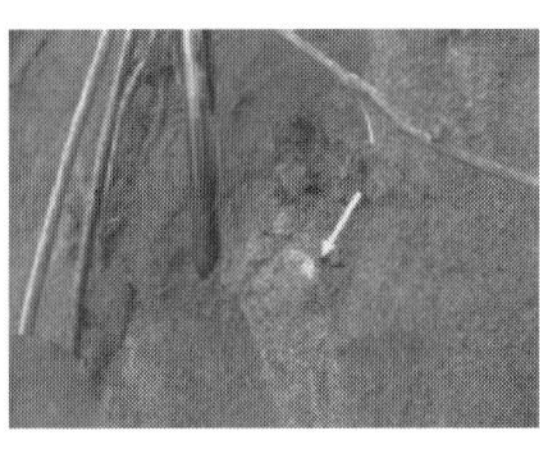
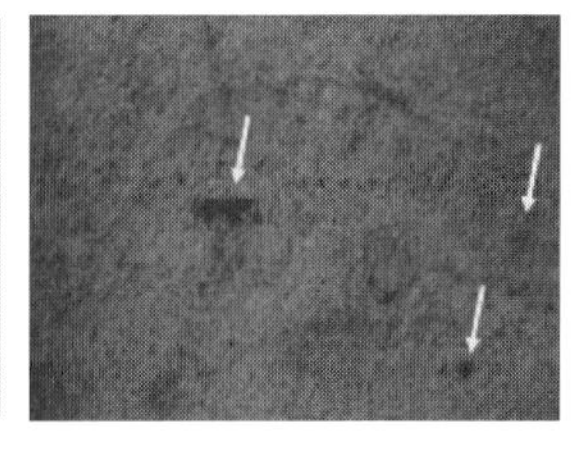

図7　牛下の海成堆積物の露頭(左)と、その中に見られる白色を呈する硬い団塊(中。矢印)、黒色の二酸化マンガンで被覆された小団塊（右。矢印）

ると、牛下に着きます（「うしおろし」と読みます。このあたりには難読地名が多いですね）。ここには、県道の西側に狭いながらも標高42mの平坦面が分布しており、その面から海岸に軽トラックがやっと降りられるほどの狭く急な坂が海まで下っています。この急坂にそって厚さ7mほどの露頭があります。露頭の上部には1mの風化土壌があり、その下部には厚さ5m以上の砂質の堆積物があり、その下は不整合をはさんで基盤の火山岩類です（図7左）。

砂質堆積物には、露頭の上端から2.7mより下に白色を呈する硬い団塊（図7中）と、3.4～3.5m付近に黒色の二酸化マンガンで被覆された小団塊（図7右）が散在しているのが認められました。

これらはいずれも海の中でできる成分で、砂層が海成であること、すなわち牛下の砂層も巌門と同様、浅海で堆積したことを示します。北電が「ない」とした海成砂層が、ここでも見つかりました。

志賀町生神

生神も難読地名で、「うるかみ」と読みます。生神は牛下から、県道36号線をさらに2kmほど北上したところにあります。県道36号線の西側には、海に向かってゆるやかに高度を下げる平坦面が広がっています。生神バス停留所の西、標高43mの平坦面でハンドボーリングと機械でのボーリングを行って試料を得ました。掘削したボーリング試料は、表層から2m弱で火山角礫を含む土石流堆積物となり、さらに3.7mで基盤の火山岩になりました。ボーリング地点の南側を海に向かって流れ下る小川の川沿いにも、大きな火山角礫を含む土石流堆積物が認められ、その下位には基盤の火山岩がありました。これらのことから、生神バス停の西に広がる平坦面は扇状地堆積物と考えられます。

この平坦面の北には東から西に流れ下る川があり、川の北の高台にはかつて旅館として営業していた「金剛荘」の廃屋があって、その周辺には砂質堆積物が広く分布しています。金剛荘跡地の東には標高46mの

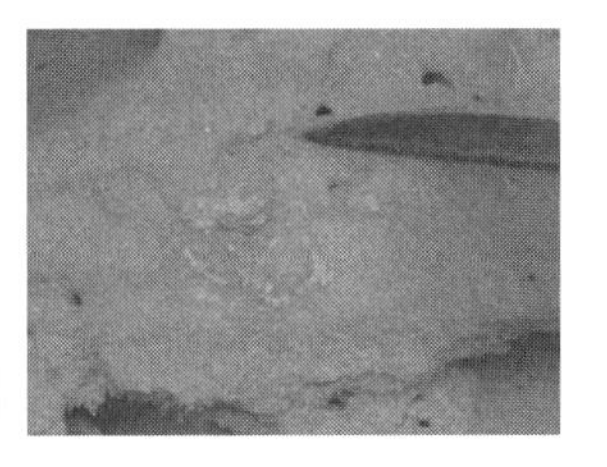

図８　生神・金剛荘跡の中位段丘面の露頭（左）、高位段丘面の露頭（中）とそこに見られる甲殻類の生痕化石（右）

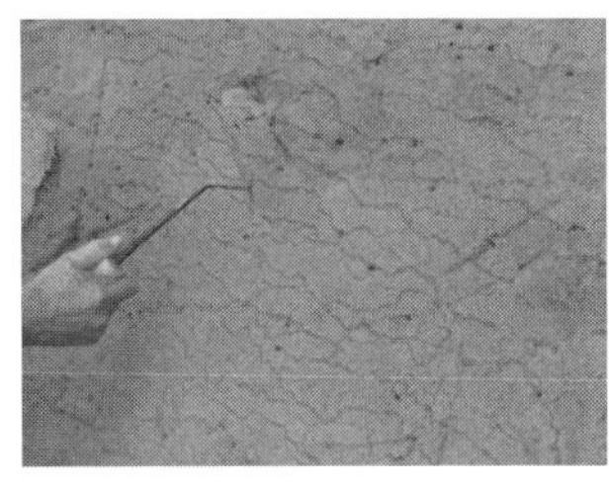

図９　はたご隧道の上の段丘堆積物の露頭（左）とそこに見られる縮緬の皺状に変形した薄い褐鉄鉱層（右）

段丘があります。この段丘を形成する砂層の露頭には不明瞭な斜交葉理が認められ、平坦面の保存の程度や現海面との標高差などから、この平坦面は中位段丘面と考えられます（図８左）。中位段丘は巌門、牛下に続いて、生神でも見つかりました。

なお、金剛荘跡地の東の山麓斜面には、厚さ７m以上に達する厚い砂質堆積物が分布しています。この露頭には、小型の甲殻類の巣穴に由来する生痕化石（さきほどお話ししたオフィオモルファ）が数多く見つかりました（図８中・右）。さらに粒度の違いによる平行葉理も明瞭に認められ、海成であることが明瞭に示されました。この斜面を構成する砂層は、標高や平坦面の開析が進んでいることから判断して高位段丘堆積物と推定されます。

はたご隧道

生神の金剛荘跡の300mほど北方には、能登金剛の景勝地のひとつ・機具岩（はたごいわ）があります。機具岩のすぐ東側には国道249号線が走っており、機具岩を越えた北側には「はたご隧道」があります。このトンネルの東側の斜面の上部には、砂の層からなる露頭があります。かつては金剛荘跡から北に向かって道がありましたが、今は廃道となっています。この廃道を1時間ほど藪漕ぎして、はたご隧道横の斜面の上の露頭にたどり着きました。

標高38m付近には、幅5m・厚さ3mほどの崖があります（図9左）。ここは主に塊状の細粒砂からなり、露頭の下部には縮緬の皺状に変形した薄い褐鉄鉱層が発達していました（図9右）。このことから、はたご隧道の横の砂層からなる露頭も海成堆積物と考えられます。

八幡（富来川右岸）

富来川の右岸・八幡には、標高約21mの中位段丘が発達していて、その露頭が遠くからも目に入ります。段丘面からハンドボーリングを行って試料を採取し、露頭からも砂層の観察を行いました。段丘面の直下には1.5m以上の風化したローム層があり、その下位には厚さ5m以上にわたって淘汰のよい海成砂層が観察されました。砂層の下部には、粒度の異なる平行葉理が認められました。

先に述べたように、志賀原発の北9kmに推定される富来川南岸断層の活動性を検討するにあたって問題となるのは、志賀町福浦港の北方から富来川の左岸（南岸）までの間の海岸にそって分布する平坦面に、海成段丘の堆積物があるのか・ないのかということでした。石川の住民・科学者が地表踏査とハンドボーリング、機械ボーリングによる調査を行い、巌門、牛下、生神、はたご隧道で平坦面の堆積物など観察した結果、これらの地域に分布する平坦面が海成中位段丘であることを明らかにしました。富来川の南の海岸沿いに分布する海成中位段丘は、原子力発電所敷地周辺から明らかに北に向かって高くなる傾向を示し、富来川の北岸で急に低くなっています。

このことを説明するには、富来川沿いにあって南に傾き下がる逆断層（富来川南岸断層）が、少なくとも13万～12万年前の最終間氷期最盛期以降に活動したと考えるのが合理的です。

6. 地震性の隆起を刻む海食ノッチ

志賀町風無から小浦にかけての岩石海岸には広いベンチ（波食棚、波食台ともいいます）[18] が発達し、その陸側には海食崖[19] と海食ノッチ[20] が数多くみられます（図10）。これらの地形の高度分布からも、富来川南岸断層の活動性を明らかにすることを試みました。

海食ノッチが地殻変動をどのように記録しているのかについて、かいつまんで説明します。波の荒い外洋に面して発達する典型的な岩石海岸は、急斜面の海食崖と高潮位すれすれにベンチが発達していることが多く、十分に固結した海食崖では崖の後退がきわめて遅い一方、未固結～固結の進んでいない更新世や新第三紀の地層からなる海食崖では、崖は速い速度で後退していきます。海食崖が後退していく原因は、波の水圧による直接の打撃、岩盤の割れ目に押し込まれる空気の圧縮・膨張に伴う岩盤の破壊、打ち寄せる水に含まれる岩屑による削磨などです。海食崖の基部はとくに強い波によって攻撃されるので、侵食が進んで海食ノッチが作られることが多く、ノッチが深くなると海食崖の上部斜面が不安定になり、やがてその一部が崩落します。一方、海食崖の基部では、節理面や断層面などの割れ目や侵食されやすい地層に沿って波食が進行し、ノッチが奥行きを増して海食洞へと発達していきます。崖を構成する地質は均質ではないので海食崖の後退は一様ではなく、海食洞や天然橋がつくられたり、さらに侵食が進むと一部分が離れ岩（スタック）となって海中に取り残されたりします[6]。

新潟県の佐渡島には、19世紀に発生した地震で海岸が隆起したことを示す地形があります。1802年12月9日に発生した小木地震は推定マグニチュード6.6で、これにより当時の小木町の総戸数435戸のほとんどが壊滅しました。この地震は佐渡島の宿根木付近で最大2mの隆起をもたらしました。地震による隆起は明瞭なベンチとして地形に記録されていて、新潟県史跡名勝天然記念物に指定されています。ベンチの高度は宿根木付近を最高として、北方に向かって下がっていき、北方への傾動を示しています。小木半島の海岸には完新世の海成段丘が発達していますが、これも地震隆起によるベンチと同様、北方に向かって高度が下がっていきます。宿根木付近には、地震による隆起に伴った海面の変化に対応して、2段のノッチが見られます。上位のノッチは完新世海進高頂期の、下位のノッチは1802年の小木地震直前の海面を示すとされています[10)]。

石川の住民・科学者は能登半島中部の西岸の岩石海岸に分布する海食ノッチとベンチについて、志賀原発の南方約4kmの志賀町小浦から北方約10kmの志賀町風無まで観察と測量を行いました。海食ノッチの標高はいずれも窪みのもっとも高いところとして、トランシット、標尺、間縄を用いて海面からの高さを測量しました。なお、海面からの高さについては、測量時の潮の満ち引きによる海面変動の補正は行っていません。以下にその結果を示します（図11、12）。

小浦

小浦の岩石海岸に南側に、火山角礫岩に2段の海食ノッチが認められます。高位のノッチは標高5.0m、低位のノッチは3.8mで、くぼみの下底からベンチが緩やかに海面に向かって傾斜しています（図12①）。一方、岩石海岸の北側には凝灰角礫岩に穿たれた1段の海食ノッチがあり、標高は2.5mです。いずれも海食ノッチの前面から、ベンチが海面に向かって穏やかに傾斜しながら広がっています。

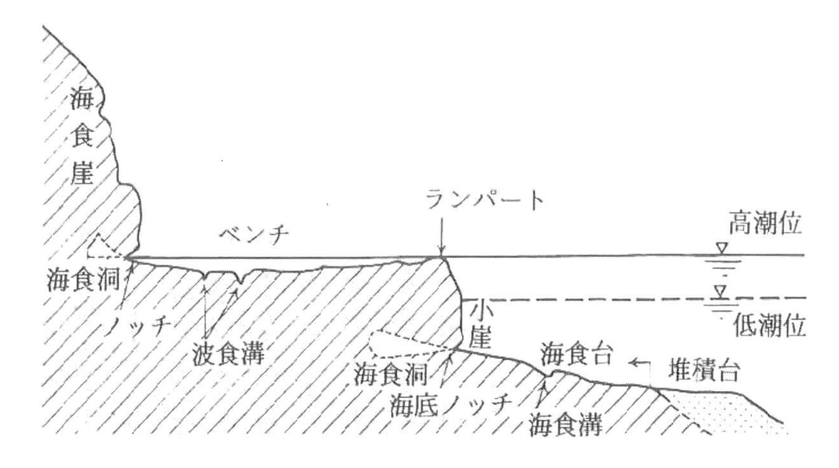

図10　岩石海岸に発達する種々の地形

出典：地学団体研究会編『地表環境の地学－地形と土壌』東海大学出版会（1994）

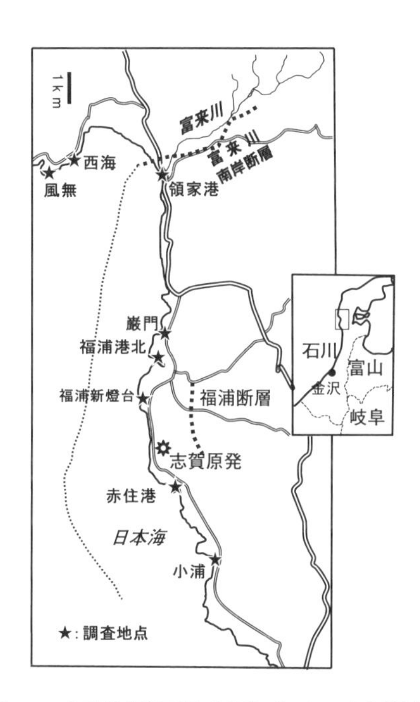

図11　志賀原発周辺での海食ノッチの調査地点

赤住港

海面からの高さ113cmの岸壁の背後には、火山角礫岩に深いノッチが形成されており、港の奥の標高4.6mの1段のノッチ（図12②）と、港の先端の標高3.2mの1段のノッチがあります。この港の岸壁が作られる前は、これらのノッチのすぐ前に岩礁が広がっていました。なお、この岸壁から海岸に降りると、地震に伴って隆起したと思われる高さ58～62cmのベンチの下に、現在の海面の高さにノッチが形成されています。

福浦新燈台

志賀原発の北約2kmにある福浦新燈台の下に南北に広がる海食崖には、いくつもの海食ノッチが認められます。南の地点には火山角礫岩もしくは凝灰角礫岩に、少なくとも2段の海食ノッチが刻まれています。高い方は9mよりやや低い位置に、高さ4m・幅7～8mの大きなノッチが発達し、その前面に広いベンチがあります。低い方は5mよりやや低いところに、高さ1～1.5m・幅2～3.5mの複数のノッチがほぼ同じ高さに並んでいます。

北の地点の新燈台のすぐ下の海食崖には、火山角礫岩や角礫凝灰岩、白色凝灰岩などの火山砕屑岩類に3段のノッチが発達しています。最も高いのは9.8mで高さ3m・幅8mほど、その下は6.7mで高さ2mほど、最も下位は3.1mで高さ2m・幅3mほどです（図12③）。3段のノッチの前面にはベンチが発達しており、標高約2mから59cm（トランシット設置面の高さ）へと緩やかに低くなっていきます。

福浦港北

福浦港には南北に2つの入り江があり、北の入り江の北側には広いベンチが発達しています。ベンチの北側に、2段の海食ノッチが2つあります。東のノッチは高い方が13.1m、低い方が6.8mでした。西のノッ

図 12　志賀原発周辺の海食ノッチ。①小浦、②赤住港、③福浦新燈台、④福浦港北、⑤巌門、⑥領家港、⑦西海、⑧風無

チは、高い方が5.7m、低い方が3.0mで、低い方には同じような高さのノッチが並んでいます（図12④)。

巌門

巌門には、小礫～大礫大の角礫を含む安山岩質角礫凝灰岩の広いベンチ（高さは約1m）が発達しており、その東側に3段の海食ノッチが認められます（図12⑤)。最も高いノッチは9.3mで高さ50cm・幅1m・奥行き60cmほどの深い窪みとなっていて、その底は侵食されずに残ったベンチに連なっています。2番目のノッチはこのベンチとほぼ同じ標高7.7mで、高さ1.2m・幅1.5m・奥行き50cmほどです。このノッチの底にもベンチが認められます。最下段のノッチは標高5.3mで、高さ2m・幅3m・奥行き1mほどです。このノッチの前面にもベンチがあり、ゆるく傾斜しながら海に向かって広がり、高潮時には波をかぶる高さまで至っています。巌門では他の地点でも、高さの異なるノッチが数段認められます。

領家港

領家港は、富来川の河口の約200m南に位置しています。港（岸壁の標高151cm）のすぐ東に、4段の海食ノッチが見られます。図12⑥は、港から撮影した写真（左）と、国道から撮影した写真（右）を並べたものです。海食崖の岩質は、赤色、白色、暗灰色、黄白色などの多様な色調をした火山礫凝灰岩、凝灰岩、角礫凝灰岩からなり、これらは層状になって西に15～20度ほど傾斜しています。もっとも高位のノッチの標高は17.2mで、高さ2m・幅2m以上・奥行き1m以上の窪みがあります。その下には標高14.5mのノッチがあり、高さ1.2m・幅2m・奥行き70cmほどで、その底にはやや平坦なベンチが認められます。さらにその下のノッチは標高11.5mで、高さ1m・幅1.5m・奥行き50cmです。もっとも下位のノッチは標高9.6mで、高さ80cm～1m・幅1m前後・

奥行き30～50cmほどの丸い窪みが複数個、地層の傾斜とは明らかに斜交して並んでいます。

西 海

海面からの高さ137cmの岸壁の背後で、東側には火山角礫岩に穿たれた２段の海食ノッチがあります。高い方は標高7.9m、低い方は5.7mで同じ高さのノッチが幅6m以上にわたって連続しています(図12⑦)。西側には火山角礫岩に穿たれた１段のノッチがあり、標高は4.2mです。岸壁が作られる前は、これらのノッチのすぐ前に岩礁が広がっていました。

風 無

風無の南側には広いベンチが広がっており、ベンチの東側に周囲から孤立した海食崖があって、そこに幅が6m以上で奥行約1mの浅い２段の海食ノッチがあります。ノッチの標高は、高い方は6.4m、低い方は4.5mです。西側には１段のノッチがあり、標高は3.3mで底はそのままベンチに連なっています（図12⑧)。

志賀原発周辺の岩石海岸に分布する海食ノッチの高度分布の調査により、①岩石海岸の各地で、２段の海食ノッチが認められる、②高位のノッチも低位のノッチも、南の小浦から北の領家港（富来川の左岸）に向かって高度を上げており、高位のノッチはその傾向が強い、③富来川の北（右岸）では一転してノッチの高度が下がる、ことが明らかになりました。図13に示すように、志賀町巌門～八幡の海成段丘の高度変化(上)および志賀町小浦～風無の海食ノッチの高度変化（中）はいずれも、志賀原子力発電所周辺から富来川の南（左岸）に向かって高度を上げ、富来川の北（右岸）で一転して高度を下げるという共通の結果を示しました。

なお、海食ノッチの認定にあたっては、風食や塩類風化などで形成されたと考えられる窪みとの識別に不十分さも残しているので、ノッチ状の窪みの前面に侵食されずに残ったと考えられるベンチ状の微地形が残っているかどうかを指標として判断しました。図12、13では、この指標に基づいて確実に海食ノッチと考えられるもの（●）と、不確かなもの（▲）を区別して示しました。

この調査では今のところ、海食ノッチの隆起した時期を示す化石などによる年代値は得られていません。しかし、侵食されていく海岸では数万年前に海食によって形成された微地形はほとんど残らないとされているので、海食ノッチと考えられる侵食微地形はそれよりも新しい時代に作られたと考えられます。このことをふまえれば、2段の海食ノッチのうち高位のものは、現在よりも温暖で海面が高かった縄文海進期（約6000年前）に形成されたと考えられます。低位のノッチは、より新しい時代に形成された可能性があります。2段の海食ノッチがいずれも、富来川河口部の領家港に向かって南から北へ標高を上げていくことは、富来川南岸断層の活動による地震によって北へ行くほど大きく隆起する運動がくり返し起こっていることを示しています。

2007年能登半島地震において、複数のグループがそれぞれ独自に海岸の上下変位を測定し、震源断層に向かって南から北に隆起量が次第に大きくなり、断層を挟んで一転して沈降するという現象を認めました。こうした上下変位は、能登半島地震の震源域の海成中位段丘面の高度変化とよい一致を示し、能登半島地震と同様の地震の繰り返しによって地盤が隆起することによって、現在の海成中位段丘面の標高分布を形づくったことを示しています[14, 21, 22]。

能登半島地震では40～50cm程度の隆起が観測されました。富来川南岸断層の活動による地震により、1回に能登半島地震と同程度の数10cm～1mの隆起が起こると仮定すると、富来川の南側の海食ノッチが海面より少なくとも2mから高いところでは10m以上の標高になっ

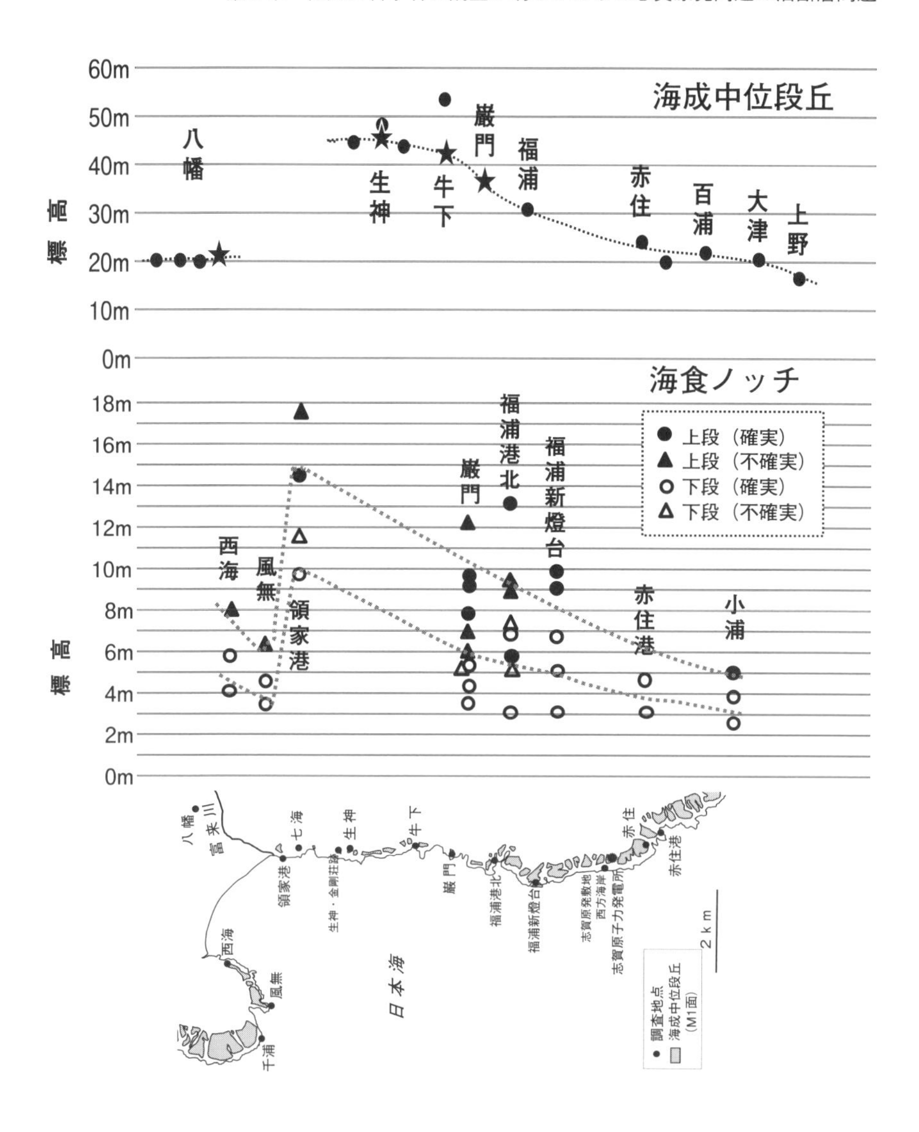

図 13　志賀原発周辺の能登半島西岸に分布する海成中位段丘（上）と海食ノッチ（中）の高度変化および調査地点の位置（下）

ているということは、富来川南岸断層による地震によって縄文海進期（約6000年前）以降に複数回の隆起が起こったことを示唆します。

石川県での調査の特徴は、何といっても原発に不安を抱いている地域の住民が自ら、科学者といっしょに調査していることです。原発と活断層の問題で、こういった調査は日本ではほとんど例がないと聞いています。活断層の活動を示す証拠である海で堆積した砂の崖や海食ノッチを見つけ出したのは、おもに地元の住民の皆さんです。調査に参加して地形の特徴を学んだ人々が、海岸線をこまめに歩いたり車を走らせたりして見つけたのです。こうした調査活動は、原発の具体的な危険性を明らかにする上で大きな成果をもたらしました。

7. 北電は必要な調査を行っていない

石川の住民・科学者は2014年6月に、志賀原発の北方約7kmにある生神・金剛荘跡の周辺の露頭の調査を行い、新たに海成段丘堆積物を認めました。どのような理由で海成段丘の堆積物と判断したのかは、先に述べた通りです。生神の露頭が示すことについて、あらためてご説明します。

生神・金剛荘跡の海成砂層の露頭は『富来町史』に、藤 則雄によって「生神の金剛荘付近に発達する約15万～10万年前の海岸段丘の砂層」と説明が添えられた写真が掲載されています[23]。北陸電力は富来川の左岸（南岸）において、福浦港以北には段丘堆積物はないと主張してきましたが、生神・金剛荘跡の周辺に分布する海成段丘堆積物は志賀原発の建設が始まる10年以上前に書かれた『富来町史』に記載されているのです。さらに、金剛荘のすぐ北にある旧県道を歩けば、はたご隧道の南側入り口の東側斜面上の海成中位段丘の露頭は必ず目に入ります。

石川の住民・科学者はこれまでに、北陸電力の調査は科学的とは到底言えないと指摘してきましたが、生神での調査結果は北陸電力がまともな地質調査を行っていないことを示しています。

北陸電力は同年6月26日の社長記者会見で、7月上旬に活断層調査をほぼ終えると述べましたが、調査を終えられるどころか当然行うべき調査を行っていないことは明白です。

石川県の住民運動と科学者は、富来川南岸断層などの調査結果をふまえて4回にわたって原子力規制委員会と北陸電力に申し入れを行ってきました。2014年7月7日には原子力規制委員会に、①住民・科学者による調査結果をふまえて、原子力規制委員会として、富来川南岸断層について科学的で国民の納得が得られる調査を行うこと。北陸電力にも信頼に足る調査を実施させ、公表させること、②原発の新しい安全基準の作成をふまえたバックフィットにあたって、富来川南岸断層の活動もふまえて志賀原発の基準地震動を再検討すること、③住民・科学者による調査結果に関して、原子力規制委員会としての説明聴取と、更新世後期における活動性を裏付ける調査結果を得た露頭などの現地見学を行うこと。また、これらの露頭などについて、北陸電力も同席のもとで検討会を行うこと—の3項目の要望書を提出しました。同日、北陸電力には富来川南岸断層の活動について、科学的で信頼に足る調査を直ちに行うこと。科学的な判断にもとづいて志賀原発を廃炉とすることを求める要望書を提出しました。原子力規制委員会と北陸電力はこれらに真摯に対応し、科学的で信頼に足る調査を行わなくてはなりません。

参考文献と注

1）石橋克彦「基準地震動を考える（1）および2007年新潟県中越沖地震」、『科学』Vol.77、No.7、(2007)
2）石橋克彦「基準地震動を考える（2）とまとめ」、『科学』Vol.77、No.11（2007）
3）中田高・今泉俊文編『活断層詳細デジタルマップ』東京大学出版会（2002）
4）太田陽子・松田時彦・平川一臣「能登半島の活断層」、『活断層研究』、第15巻、第3号（1976）
5）鈴木康弘・中田高・渡辺満久「原発耐震安全審査における活断層評価の根本的問題」、『科学』Vol.78、No.1、(2008)
6）小池一之・坂上寛一・佐瀬隆・高野武男・細野衛『地表環境の地学—地形と土壌』

p58-67, 東海大学出版会（1994）
7）第四紀といわれる現在から約250万年前までのうち、氷期と呼ばれる特に氷河が発達した時期には、海面が世界中で下がっていたことが知られています。約2万年前の氷河最拡大期には、海面が100mほど下がっていました。一方、氷期が終わると海面が上昇してきます。約6000年前の縄文海進最盛期には、海面は現在よりも2～3mほど高くなり、約12～13万年前の最終間氷期最盛期も高かったことが知られています。
8）太田陽子・小池一之・鎮西清高・野上道男・町田洋・松田時彦『日本列島の地形学』p81-86, 東京大学出版会（2010）
9）小池一之・町田 洋編『日本の海成段丘アトラス』東京大学出版会（2001）
10）太田陽子『変動地形を探る Ⅰ』古今書院（1999）
11）太田陽子・平川一臣「能登半島の海成段丘とその変形」、地理学評論、52,p169-189（1979）
12）渡辺満久・鈴木康弘「能登半島西岸の地震性隆起海岸と活断層」、日本地球惑星学会2012年大会講演要旨、HSC24-11（2012）
13）北陸電力「志賀原子力発電所 富来川南岸断層の評価に関わるデータ拡充のための追加調査について。原子力安全保安院、地震津波に関する意見聴取会（地震動関係 第5回）資料5－9（2012）http://www.nsr.go.jp/archive/nisa/shingikai/800/26/3_005/5-9.pdf
14）浜田昌明・野口猛雄・穴田文浩・野原幸嗣・宮内宗裕・渡辺和樹・山口弘幸・佐藤比呂志「2007年能登半島地震に伴う地殻変動と能登半島の海成段丘」、地震研彙報、82, 345-359（2007）
15）箕浦幸治、池田安隆『地球のテクトニクスⅠ 堆積学・変動地形学』共立出版（2011）
16）貝塚爽平『平野と海岸を読む』岩波書店（1992）
17）保柳康一、公文富士夫、松田博貴『堆積物と堆積岩』共立出版（2004）
18）ベンチは波食棚または波食台ともいい、主に潮間帯（満潮線と干潮線の間の地帯で､1日のうちに陸上になったり海中になったりする部分）にある平坦な台地で、崖の基部である高潮面から低潮面以下にわずかに傾斜しながら広がっています。
19）海食崖は、海に面した山地や大地で、おもに波による侵食を受けてできた崖をいいます。山地が沈降（あるいは海面が上昇）して急斜面が沈水すると、その斜面は波による侵食を受けるために、崖の下部に海食ノッチができます。下部がくぼむとやがて上部は崩れ落ち、これが繰り返されることで崖は後退していきます。
20）海食ノッチは海食窪ともいい、波食作用や海水の溶解作用によって海食崖の下部にできる微地形で、奥行きより幅が大きいくぼみのことをいいます。なお、幅より奥行きが大きいくぼみは、海食洞といいます。
21）平松良浩・澤田明宏・河野芳輝 2-7 重力・地震断層調査班. http://hakusan.

s.kanazawau.ac.jp/~yoshizo/official/japanese/shiryou_pdf/noto_houkoku.pdf3.（2008）
22）山本博文・奥山大嗣・江戸慎吾 生物指標からみた平成 19 年（2007 年）能登半島地震における海岸隆起。福井大学地域環境研究教育センター研究紀要『日本海地域の自然と環境』No.14,33-46（2007）
23）藤 則雄 富来町の自然景観、『富来町史』通史編 , p33（1977）

第7章 若狭湾岸の原発と断層、再稼働問題

山本雅彦

1．大飯原発３，４号機運転差止訴訟　福井地裁判決について

（1）司法が福島原発事故と真摯に向き合い、「原発ゼロ」を求める国民の世論と運動に支えられた判決

2014年5月21日午後3時、福井地方裁判所（樋口英明・裁判長）は、関電の「大飯原発3、4号機運転差止訴訟」において、「原子炉を運転してはならない」という判決を言い渡しました。

これは、福島第1原発事故後初めての原発運転差止訴訟判決で歴史的な住民側勝訴判決となったものであり、大飯原発にとどまらず全国の原発の再稼働に影響を与えるものです。

これまでの原発訴訟では主に安全審査（今は、新規制基準への適合性審査）の合否が争われてきたが、今回の判決は、司法が福島原発事故と真摯に向き合い、国民常識にかなう道理に立った理性的な判断が出されたもので、「原発ゼロ」を求める国民の世論と運動に支えられた判決といえます。

勝訴判決を受けて、垂れ幕を掲げる寺田弁護士（左）＝朝日新聞より

以下に、判決文を引用します。（見出＝筆者）

①「司法は生きていた！」

■「かような事態を招く具体的

危険性が万が一でもあるのかが判断の対象とされるべきであり、福島原発事故の後において、この判断を避けることは裁判所に課された最も重要な責務を放棄するに等しいものと考えられる。」(福井地裁判決·41頁)

■裁判所の判断は、「原子炉等規制法など、行政法規のあり方、内容によって左右されない。」(同・41頁)

②原発事故を2度と起こさせない決意

■「人格権は・・我が国の法制下においてはこれを超える価値を他に見出すことはできない。」(同・38頁)

■「原子力発電所の稼働は・・経済活動の自由に属するものであって、憲法上は人格権の中核部分よりも劣位に置かれるべきものである。」(同·40頁)

■「極めて多数の人の生存そのものに関わる権利と電気代の高い低いの問題等を並べて論じるような議論に加わったり、その議論の当否を判断すること自体、法的に許されないことである。」(66頁)

■「原発の運転停止によって多額の貿易赤字が出るとしても、これを国富の流出や喪失というべきではなく、豊かな国土とそこに国民が根を下ろして生活していることが国富であり、これを取り戻すことができなくなることが国富の喪失である。」(同・66頁)

■「福島原発事故が我が国始まって以来最大の公害、環境汚染であることに照らすと、環境問題を原子力発電所の運転継続の根拠とすることは甚だしい筋違いである。」(同・66頁)

③福島事故の教訓を踏まえた判決

■「大きな自然災害や戦争以外で、この根源的な権利が極めて広汎に奪われるという事態を招く可能性があるのは原発の事故のほかは想定し難い。」(同・40頁)

■「いったん事が起きれば・・混乱と焦燥の中で適切かつ迅速にこれらの措置をとることを(中略)従業員に求めることはできない。」(同・47頁)

■「原子力発電所における事故の進行中にいかなる箇所にどのような損傷が起きておりそれがいかなる事象をもたらしているかを把握することは困難である。」（同・48頁）

■地震予知の限界：「地震の評価を誤った。」（同・52項）

④「新規制基準」の合理性を否定した

■「新規制基準には外部電源と主給水の双方について基準地震動に耐えられるまで強度を上げる、（中略）使用済み核燃料を堅固な施設で囲い込む等の措置は盛り込まれていない・・審査を通過（しても）（中略）原発の安全技術及び設備の脆弱性は継続する。」（同・65頁）

■「新規制基準の対象となっている事項に関しても新規制基準への適合性や原子力規制委員会による新規制基準への適合性の審査の適否という観点からではなく（中略）裁判所の判断が及ぼされるべきこととなる。」（判決要旨・4項）

(2) これまでの原発裁判と福井地裁判決…「伊方」・「もんじゅ」最高裁判決などの基本的枠組みと福井地裁判決の枠組み

これまでの原発裁判は、原告（住民）に「高度な“具体的危険性”」、「立証責任」、「行政判断の尊重」という高いハードルを押しつけ、被告（電力事業者）が、安全基準の合理性、安全基準の適合性を立証すれば安全と認め、原告がそれでも危険だというなら、危険性を立証せよというものでした。

例えば、伊方原発最高裁判決は、「専門分野の学識経験者等を擁する原子力委員会の科学的、専門的知見に基づく意見を尊重して行う内閣総理大臣の合理的な判断にゆだねる」としました。また、「もんじゅ」最高裁判決は、名古屋高裁判断は誤りであると「事実認定」を自ら行い、「基準の適合性に関する判断を構成するものとして、原子力安全委員会の科学的、専門技術的知見に基づく意見を十分に尊重して行う主務大臣の合理的な判断にゆだねられている」から違法性は無いと判断しました。これでは、福島事故で明らかのように、専門家が推進側と癒着した場合や、科学者の間で意見の相違があった場合、安全は守れないということになります。よって私たちは、「司法は、科学者・専門家の意見を取り入れて、独自の判断をすべきである」と以前から指摘してきました。

今回の福井地裁判決は、「立証責任」について、「具体的な危険性の存否を直接審理の対象とするのが相当であり、かつこれをもって足りる。」（同・42 項）とし、その審査は、「原子炉規制法をはじめとする行政法規の在り方、内容によって左右されるものではない。」（同・41 項）と判示しました。そしてその判断は、「安全性に関する判断については高度の専門性を要することから科学的、専門技術的見地からなされる審査は専門技術的な裁量を伴うものとしてその判断が尊重されるべきことを原子炉規制法が予定しているものであったとしても、この趣旨とは関係なく…司法審査がなされるべきである。」（同）という明確な枠組みが示されました。

(3) 原発は、他の技術にない「本質的な危険性」がある

裁判長は、進行協議期日（*1）で「福島原発事故の前なら違った考えもあったかも知れないが、福島事故が現実に発生した以上、本件を専門訴訟（*2）とは考えない」と述べたように、福島原発事故を踏まえ、科学的・技術的論争には踏み込まず、国民の普通の感覚で、「関電は『大地震は起きない』と言っているが、本当に大丈夫か」という疑問から出発し、現実に起きた地震の結果などから、「原発」という科学技術は「本質的に」危険であり、科学的地震予知は「本来的に」不可能であると結論づけました。

さらに判決は、他の技術の多くが運転停止によって被害拡大の要因の多くが除去されるのとは異なり、原発の場合は、運転（核分裂）を止めても膨大なエネルギー（崩壊熱）を発し続けるため、「いったん発生した（原発）事故は時の経過に従って拡大していくという性質を持つ」と指摘し、原発は他の技術にない「本質的な危険性」があること、「止める」「冷やす」「閉じ込める」という「三つがそろって初めて原子力発電所の

安全性が保たれる」ことを指摘したうえで、大飯原発は「地震の際の冷やすという機能と閉じ込める構造において」「欠陥がある」ことを認めました。

（写真）勝利判決報告集会　2014 年 5 月 21 日

（4）深刻な原発事故は、「生存を基礎とする人格権」を侵害する

私たちは、“お金より命が大事”との立場から、若狭の原発で福島原発事故に匹敵する過酷事故が発生すれば、「原子力防災計画」による対策は役に立たず、放射能による汚染は、福井県にとどまらず京都・滋賀・大阪など250キロメートル以上の圏内の電力大消費地にまで広がり、その被害は甚大で壊滅的になると指摘。大飯原発は過酷事故の危険性が否定できず再稼働は止めるべき、と主張してきました。

判決は私たちの主張を認め、さらに、憲法で保障された「人格権」を最優先にし、人の命を基礎とする「人格権」は憲法上の権利（「生命を守り生活を維持する利益」）で、日本の法律では「これを超える価値を他に見いだすことができない」と述べ、この大原則に立って大飯原発再稼働を退けました。

（5）「国富の喪失」とは「豊かな国土とそこに国民が根を下ろして生活していること」を失うこと

関電が「原発の稼動が電力供給の安定性、コストの低減につながる」と主張したことに対し、国民の命よりもコストを優先する考え方をきっぱりと否定。判決は住民らの「人格権」と電力の安定供給やコスト問題を天秤にかけた関電側の議論を「法的に許されない」とした上で、人格権が「極めて広汎に奪われるという事態を招く可能性」があるのは、大規模自然災害や戦争をのぞけば原発事故くらいだと指摘。「原子力発電所の稼働」は、憲法22条1項の「経済活動の自由」にすぎず、「人格権

（写真＝筆者）大飯原発。手前から 1～4号機

の中核部分よりも劣位に置かれるべき」と強調しました。

さらに判決は、原発停止に伴うコストの問題に関し「『国富の流出や喪失』の議論がある」が、「国富の喪失」とは運転停止による貿易赤字でなく、「豊かな国土とそこに国民が根を下ろして生活していること」を失うことだと強調したことは、多くのみなさんから「感動的な判決」との声が寄せられています。

（6）1260ガルを超える地震動が、大飯原発を襲う危険がある

① 1260ガルを超える地震動について

私たちは、同訴訟の原告として参加し、原発「安全神話」に対し厳しい審判を下すよう要求し、また弁護団会議にも参加し「準備書面」作成や裁判で意見陳述を行ってきました。特に関電が、「大飯原発に活断層はない」と主張したことに対して、第8回口頭弁論（3月27日、山本雅彦）で、立石雅昭・新潟大名誉教授（地質学）らの力を借りて大飯原発敷地周辺を調査した結果に基づき具体的証拠を突きつけて反論しました。

さらに、この10年足らずに4つの原発で、想定した基準地震動（原発を襲うと予測した最大の揺れの大きさ＝単位「ガル」）を超える地震が5回も到来した事実を示し陳述（*3）しました。

判決はそれを全面的に認め、特に基準地震動に焦点を当てて詳細に論じています。例えば、基準地震動を超える地震が来ることはまず考えられないという関電の主張に対して、私たち原告の主張を引用し、最近の10年足らずの間に5回も基準地震動を超える地震動が原発で観測された事実を突きつけたうえで反論しています。

まず、ストレステストでのクリフエッジ（施設が耐えられる限界の地震動の大きさ＝関電が認める限界点）とされる1260ガルを超える地震動について判決は、「我が国の地震学会においてこのような規模の地震の発生を一度も予知できていないことは公知の事実である。地震は地下深くで起こる現象であるから、その発生の機序の分析は仮説や推測に依拠せざるを得ないのであって、仮説の立論や検証も実験という手法がとれない以上過去のデータに頼らざるを得ない。確かに地震は太古の昔から存在し、繰り返し発生している現象ではあるがその発生頻度は必ずしも高いものではない上に、正確な記録は近時のものに限られることからすると、頼るべき過去のデータは極めて限られたものにならざるをえない。したがって、大飯原発には1260ガルを超える地震は来ないとの確実な科学的根拠に基づく想定は本来的に不可能である」と強調しています。これは、原告主張の「地震動想定はバラツキが極めて大きい上に、そのもととなる地震動データは何十年程度のものでしかなく、この程度のデータで今後12～13万年間の最大地震動の想定をしようとすれば、その誤差は極めて大きい」をそのまま採用し、「確実な科学的根拠に基づく想定は本来的に不可能」と断言したもので画期的です。地震は大昔からある自然現象であり、その時間的間隔は、地震動を予測する場合、頼るべきデータがあまりに少ないという指摘は否定のしようのない事実であり、これに反論するのは困難であると考えます。

この判決に対し、地震動予測の第一人者で、原発の耐震設計を主導してきた入倉孝次郎京都大学名誉教授は、「揺れの強さが1260ガルを超える地震が絶対に来ないとは言い切れず、警告を発する意味で重要な判決だ」と述べています。

さらに判決は、「我が国において記録された既往最大の震度は岩手宮城内陸地震における4022ガル」と指摘。想定される最大の地震の揺れが大飯原発に到来しないとの関電側の主張は「本質的な危険性についてあまりにも楽観的といわざるを得ない」「1260ガルを超える地震は大飯

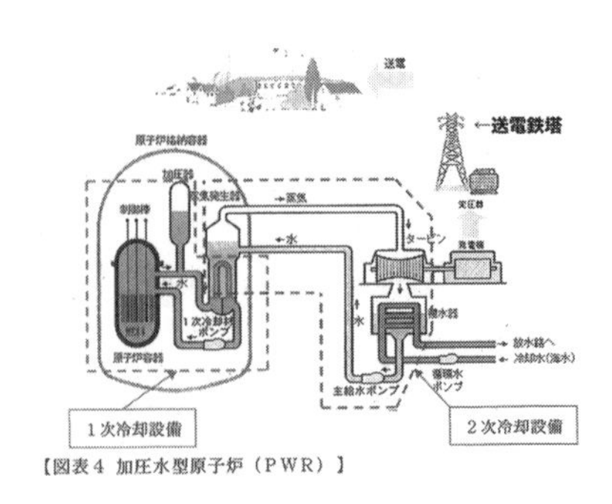

加圧水型原発の概念図（判決文の添付資料から）

原発に到来する危険がある」と関電の主張を退けました。

② 700〜1260ガルの地震について

また、700～1260ガルの地震について関電が、事象と対策を記載したイベントツリーに従い対策を講じれば、炉心損傷には到らないと主張したことに対し判決は、福島事故を踏まえれば、「深刻な事故においては発生した事象が新たな事象を招いたり、事象が重なって起きたりするものである」と指摘。イベントツリー記載の対策が技術的に有効な措置であるかどうかは別にして、深刻な事態発生時に昼夜を問わず、「適切かつ迅速にこれらの措置をとることを原子力発電所の従業員に求めることはできない」「仮に、いかなる事象が起きているかを把握できたとしても、地震により外部電源が断たれると同時に多数箇所に損傷が生じるなど対処すべき事柄は極めて多いことが想定できるのに対し、全交流電源喪失から炉心損傷開始までの時間は5時間余であり、炉心損傷の開始からメルトダウンの開始に至るまでの時間も2時間もないなど残された時間は限られている」などと指摘し、炉心損傷に到る危険があると判示しました。

③ 700ガルに至らない地震について

外部電源を引き込む「送電鉄塔」や「主給水ポンプ」などの安全上重要な施設が、それにふさわしい耐震性を備えていないことに対し判決では、「理解に苦しむ主張である」と批判。700ガルに至らない地震でも「外部電源が断たれ、かつ主給水ポンプが破損し主給水が断たれるおそれがあると認められる」としたうえで、その場合には「実際にはとるのが困難であろう限られた手段が効を奏さない限り大事故となる」と関電の主

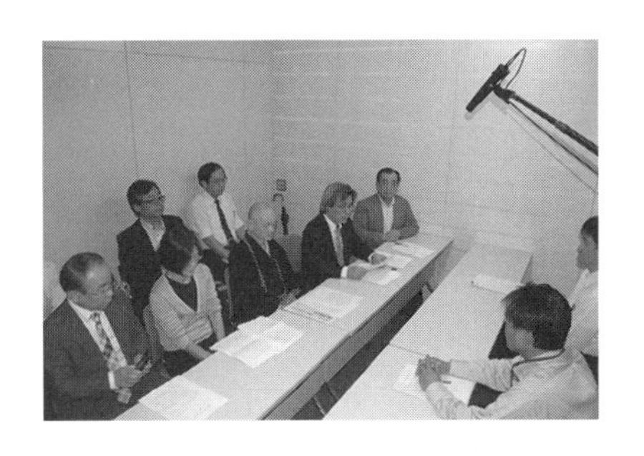

（写真）判決後、西川知事に申し入れる原告団
＝５月22日、前列中央が中嶌哲演・原告団長、前列左端が筆者。

張を断じました。

さらに、使用済み核燃料プールの核燃料の危険性についても我々の主張を認めました。

（7）政府は、即時原発ゼロの政治決断を

私たちは、この判決は私たちだけで勝ち取ったものではなく、「広範な人々の思いが結晶した共有財産」（中嶌哲演・原告団長）だと思います。また、この判決は大飯原発だけでなく全国の原発にもあてはまるもので、全国の「原発ゼロ」をめざす運動や、原発運転差止訴訟闘争の追い風となり、「原発再稼働を止め、再生可能エネルギーの普及を」の世論をいっそう大きくするものと確信しています。

安倍政権はこの判決を重く受け止め、「エネルギー基本計画」案を撤回すること。そして、今必要なことは、大飯原発はもとより、全国の原発の再稼働を中止し、地域の経済循環と新しい雇用を生み出す地域密着型の再生可能エネルギーへの転換です。私たちはこの判決を力に、政府に対し即時原発ゼロの政治決断を行うようさらに運動を強める決意です。

（*1）進行協議期日とは、民事訴訟における審理を充実させることを目的として、口頭弁論期日外にする、原則として当事者双方が出席して訴訟の進行に関して必要な事項につき行う協議の期日を意味します。

（*2）「専門訴訟」とは、紛争を解決するうえで、地震学や地質学、原子力工学などの専門的な知識やノウハウが必要とされる訴訟を「専門訴訟」と呼びます。

（*3）「頻発してきた基準地震動を上回る地震動の発生」（第８回口頭弁論：山本雅彦の陳述）

活断層と地震の問題で疑問に思ったのは、1995年に起きた兵庫県南

部地震でのことでした。

原発の耐震設計（審査指針）では、想定地震による揺れの推計に、活断層の長さから「松田の式」を使いマグニチュードを計算、さらに「金井の式」「大崎の方法」と呼ばれる計算式を使っていましたが、活断層の長さに対して単純に「松田の式」を当てはめて地震の大きさ（マグニチュード）を算定するため、直下型のような震源に近い地震の大きさが極端に過小評価されてきました。（大きな地震が起きるたびに国の説明会が開かれ、そこでの私たちの指摘に、政府は見直しを約束しますが、反故にされてきました）現在でも、過小評価という基本は変わりません。関電は、原発は「普通の建物の３倍の強度」と宣伝してきました。ところが、兵庫県南部地震では、神戸大学の岩盤上で980ガル以上というデータが計測されました。岩盤の揺れの周期に応じてその上の建物が揺れて動く早さ（応答速度）を「大崎の方法」で計算すると実測値が計算値の３倍から４倍にもなり、「大崎の方法」による予想を遥かに越える結果となりました。兵庫県南部地震（M7.3）の基盤上の地震動記録は、日本の全ての原発の耐震設計値を超えたことになります。国はこれまで、原発を襲う最大・最強の地震の揺れである基準地震動（Ss）を上回る地震が起きる確率は１万年に１回しかないと説明してきました。しかし、実際には兵庫県南部地震以降、この約20年間に、改定前を含む基準地震動を上回る地震動が原発で６事例も観測されました。１回目と２回目は2003年５月と2005年８月の宮城県沖地震（M7.2）で、女川原発の耐震設計値を改定前と改訂後の２回も超えました。３回目は、2007年３月の能登半島地震（M6.9）で、志賀原発の耐震設計値を超えました。これらは、いずれも一部の固有周期部分で超えたものでしたが、４回目の2007年７月の中越沖地震（M6.8）は、あらゆる固有周期領域で大きく超えました。柏崎刈羽１号機は、設計時の想定450ガルの４倍近い1699ガルの揺れに見舞われ、幸い炉心損傷には至らなかったものの大きな被害を受けました。そして５回目と６回目が2011年３月の東北地

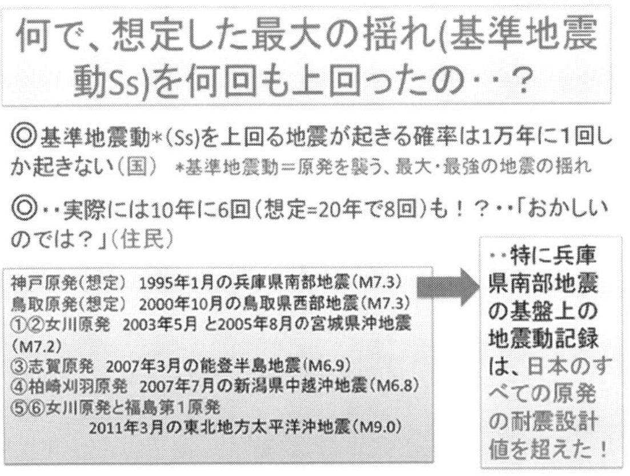

大飯原発訴訟（福井地裁）
第８回口頭弁論の陳述資料より

方太平洋沖地震（M9.0）での福島第一原発と女川原発です。このほか、2000年10月の鳥取県西部地震（M7.3）では、岩盤上の記録が浜岡原発３～５号機を除くすべての原発の耐震設計値を超えました。

現在、安全審査が申請されている原発は、大飯原発を含むほぼすべての原発で、中越沖地震級の揺れに見舞われれば、過酷事故に到る危険性があります。

２. 若狭湾と同湾岸沿いの断層群について

福井県の若狭湾は、山本博文ほか2010（1）によれば、「若狭湾は、越前岬から京都府の経ヶ岬にかけて広がり、日本海側では数少ない湾入部の一つであり、湾奥は典型的なリアス式海岸の様相を呈している」と指摘。福井県が1997年にこの海域で行った音波探査記録などから、「若狭湾海底下には第三系が削剥された侵食平坦面が広く分布し、東に傾動しながら沈降している（山本博文ほか2000など（2））。これに対し若狭湾東岸に位置する越前海岸は直線的な海岸線となっており、丹生山地、南条山地西部が海岸まで迫っている。海岸沿いには海成段丘が形成されており、最大で１m/10年という大きな隆起速度が求められている（太田・成瀬1977（3）、山本ほか1996（4））」。「隆起する越前海岸と沈降する若狭湾との境界部には東側隆起の活断層が推定されている。越前かれいざ

越前海岸沿いの離水微地形
A：南側から見た越前岬付近の海成段丘
B：八ツ又の標高7メートル付近に認められた海食甌穴
C：玉川北方、盾岩の標高12メートル付近でみられる波食窪―波食棚
D：越前岬付近の標高5メートル台の波食窪―波食棚
E：和布の標高2・2メートル地点で見つかったカモメガイ
F：佐武の岩礁にあけられたウニの巣穴およびその中に付着しているムカデガイ科巻き貝
G：高さ約12メートルの玉川観音洞穴（明治42年発行の丹生郡誌より）
出典＝「山本博文・木下慶之・中川登美雄・中村俊夫（2010） 福井県越前海岸沿い断層群の活動履歴について」より

き海岸南部、干飯崎から大谷にかけての直線状の海岸線は、古くから明瞭な断層海岸として知られている」と指摘されています。

このように、越前海岸沿いは断層群の活動履歴を明らかにする調査・分析が、多くの研究者などにより以前から行われてきました。しかし、原発が立地する敦賀から高浜の地域については、最新の活動を明瞭に示す資料等の記録は少なく、詳しい調査も2006年の耐震バックチェックよる事業者が行った調査と、2010年に旧原子力安全・保安院が若狭湾周辺海域の音波探査を実施した程度です。その後、福島原発事故後は、新規制基準により、原子力規制委員会（以下、規制委）が事業者に命じて行った調査に基づく判断が規制委によって下され、再稼働の可否が判断されようとしています。

3．日本原電・敦賀原発周辺の活断層

日本原電（以下、原電）敦賀1、2号機は、1号機が1970年に運転を開始してから44年以上が経過しました。筆者らはこれまで、原発周辺

の活断層及び断層帯の評価について文部科学省見解をもとに「国などは、原発の周辺の活断層を過小評価している」などと指摘してきました。

（1）浦底断層は活断層と認定

2007年、敦賀原発3・4号機増設計画で、2004年3月に国に提出した原子炉設置許可申請書で「浦底断層」の活動時期が過小評価されている、と渡辺満久氏らが指摘（5）しました。

原電は、資料「リニアメント近傍の調査位置図」（図1）で、リニアメントを直線的な崖だけに注目し、活断層があるとすれば図1の左側の点線部分（「原電のリニアメント」と記載）であるとし、その部分のボーリング調査などから「活断層はない」と発表。これに対し渡辺氏らは、「我々が活断層と認定したのは河川の左屈曲と新しい地形面に変位（谷底が折れ曲がっている）がある」と指摘。渡辺氏らが指摘した断層は図1の右側の点線（「活断層線」と記載）で示された位置です。

原電の調査では、リニアメント判読だけで、直線的な崖だけに着目したため、その部分をトレンチ（掘削）しても何も出てきませんでした。その後、「リニアメント判読は不適切な調査方法である」という渡辺氏らの主張が採用され、2006年の「発電用原子炉施設に関する耐震設計審査指針」の改定で出された「新指針」では、リニアメント調査だけではなく、「変動地形学的調査などを組み合わせて十分な調査を実施すること」と改定されたが、ほとんど改められていません。

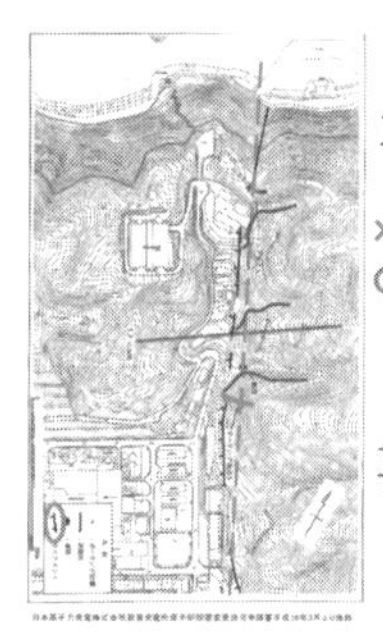

正しい断層線の位置認識が活断層調査の起点

× リニアメントの明瞭さ重視した分類

○ 断層変位地形を重視した判読

屈曲谷　群列ボーリング調査

原電のリニアメント（地形の直線性を重視）　活断層線（断層変位地形を重視）

（中田高氏の「浦底断層調査」より）

図1

また、ボーリング調査結果の解析だけでは浦底断層が活断層であるかどうの判断は困難です。「ボーリング地点B」で、基盤岩の断層（「ずれ」）が、その上の新しい地層を切っており、活断層の疑いがありますが、原電はボーリング

浦底断層は、「活断層」であると認める

調査では、「動いていない」「活断層ではない」と判断しました。しかし、中田高・渡辺両氏の指摘のとおり掘削して調べた結果、断層はその上の地層を切っており、その活動は4,700年前以降の新しい時期の活動であることが分かりました。よって、浦底断層が、活断層であることが確認されました。それも炉心の250メートル真横です。

(2) 1、2号機　炉心直下の「破砕帯」は活断層である可能性が高い

原子炉周辺の地質図を見ると、1号炉と2号の直下に「破砕帯」という断層があり、それらは浦底断層から派生しているように見えます。しかも、その断層は固まっておらず「粘土」状の「断層粘土」であり、「動く可能性ある」と渡辺氏らが指摘しました。

原電は2008年、「後期更新世以降の活動がなく、動かない」と国に報告しました。これに対し2010年、経済産業省の「耐震・構造設計小委員会構造ワーキンググループＣサブグループ」の纐纈（こうけつ）一起氏らが破砕帯の「さらに検討が必要」だと指摘。旧保安院も耐震バックチェック後の2011年に「破砕帯の活動性に関する評価」を実施するよう、再調査を命じました。

旧保安院から引き継がれた、規制委の「敦賀発電所敷地内破砕帯に関する有識者会合」の資料（図2）によると、敷地内の図2（D-1トレンチ）は、原子炉建屋を北東方向の高台から見たもので、黄色い点線は、原電がここに「D-1破砕帯」があると特定している場所です。原電はD-1から緑色のＧ断層（北側ピット）につながっていると主張。そのことを確認するため、掘削を行い掘りすすめていたところ、西側ピットに、赤色点線と書いた部分に後期更新世（約12～13万年前）以降の活動が否

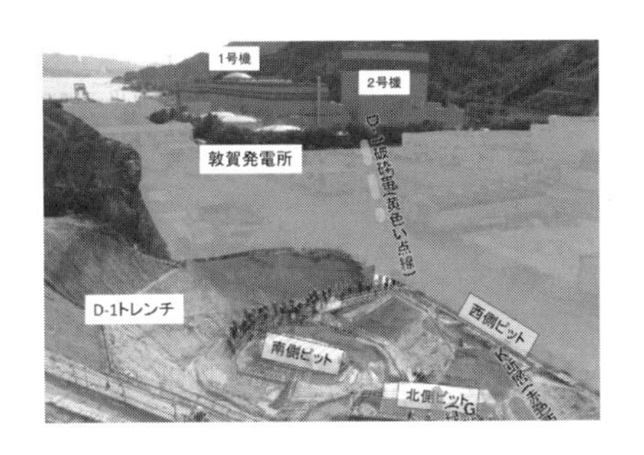

図２　規制委「D-1 トレンチ」に加筆

図３　今回掘削したＤ - １トレンチ

定できない地層のずれ「K 断層」が新たに発見されため、さらに西側ピットを掘りすすめています。D-1 の活動性を調査し、合わせて今回の発見で K-1 の活動性も調査しています。

規制委の有識者会合の結論としては K 断層も D-1 とつながっていると考えています。西側ピットのずれを見ると、ずれ（K 断層）は表層（堆積層）だけのずれではなく地下深部の発電所を支えている基盤と考えられる花崗斑岩にまで達しています。そのずれ（K 断層）の走行傾斜（N1 W82 W）は、基盤上面で、ほぼ南北に延び、西に約 80 度で傾斜している。D-1 破砕帯の延長上に近い位置にあり、断層の形状（延びる方向や傾き）も D-1 破砕帯のそれと同じであることから、「K 断層は D-1 破砕帯と一連の構造」である可能性が高いと考えられます。

(3) 原電が D-1 破砕帯は活断層でないと主張し、再調査を要求

日本原電は 13 年 7 月、火山灰調査などをもとに D-1 破砕帯は活断層に当たらないとする追加調査報告書を規制委に提出し、再調査を要求しました。

日本原電の主張　その 1…原電は、従来の調査結果で⑤層中に微量に含まれることを示してきた火山灰について、調査数量を増やして、美浜テフラに確実に対比され、その降下年代をもって⑤層下部の堆積年代を 12.7 万年前と断定できるとしました。これに対して、本年 4 月 14 日の有識者会合では「⑤下層部テフラについては、降灰層準を示していると

は言いがたく、この年代を根拠にK断層の活動時期を12.7万年前とは断定できない」と指摘しました。

日本原電の主張　その2…原電は、K断層による断層変位が明瞭に確認される③層について、③層（下部）の変位量は1～1.5mであるのに対し、③層上部には変位がない（「K断層の変位量が地中で減少する状況は認められない」）主張としました（平成25年8月30日付の資料）。これについて同会合では、「層厚5m以上に及ぶ③層の中で、どの層準で断層変位量が不連続的に消滅しているか明確ではない。傾斜不整合や構造不調和等、「断層変位の累積性を想定しなければ説明できない状況」は認められない。よって、K断層が変位した際に③層上部や⑤層は存在しなかったと断定する、十分な根拠はない」と反論しました。

日本原電の主張　その3…原電は、「南方の原電道路ピットにおいて確認される③層（の一部）について、その変位量は「急激に減少」し、さらに南方では「③層上部に変位・変形を与えていない」と主張しました。これについても同会合で、「K断層の南方延長は、ふげん道路ピットの下までは伸びており、上載層に変位を与えている可能性は否定できない」。「原電道路ピットにおいて確認される③層は層厚も薄く、大露頭において確認される③層のうちどの層準かの判断が難しい。大露頭においても、③層の中～上部の断層変位量（破断）は小さく、原電道路ピットで確認される変位量が大露頭よりも著しく小さいとは言いがたい（どの層準と比較すべきか疑問の余地がある）。「③層上部に変位・変形を与えていない」と事業者自身が大露頭で解釈しているのであれば、断層の南方への連続を否定する根拠にはなり得ない（鈴木康弘・名古屋大教授）と指摘しました。

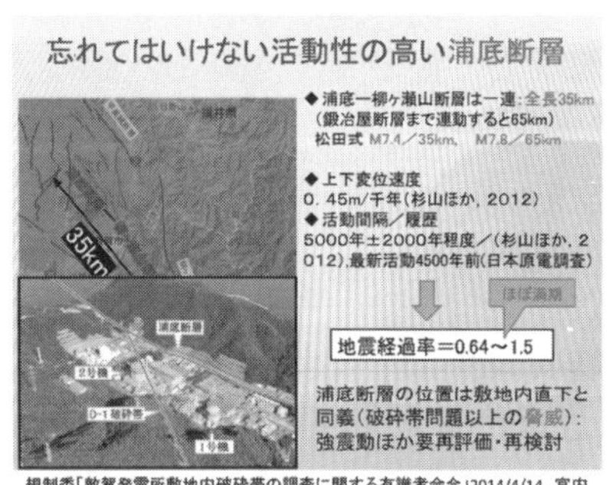

規制委「敦賀発電所敷地内破砕帯の調査に関する有識者会合」2014/4/14　宮内崇裕（千葉大学大学院理学研究科教授）委員配布資料から

以上のことから、「K断層が将

来活動する断層等ではない」とする原電の見解は、新規制基準に照らして妥当ではなく、今回の追加調査によって、K断層及びD-1が「将来活動する可能性のある断層等」である可能性を強く示唆するものです。さらに、活動性の高い浦底断層の位置は敷地内直下と等しく、破砕帯問題以上の脅威があると指摘されています。(宮内崇裕・千葉大教授)

4.「もんじゅ」・美浜原発周辺の活断層

日本原子力研究開発機構（以下、機構）の高速増殖炉「もんじゅ」の西側約500メートルと関西電力（以下、関電）の美浜原発の東側約1キロメートルを南北に走る「白木－丹生断層」(長さ15キロ、東に傾斜しもんじゅの直下に達し、M6.9の地震が発生する恐れがある）について、関電と機構は2008年に活断層であると認めました。

さらに、その真横にもう1本、南北に走っている（図4）ことが指摘された (4)。それは、美浜原発の直下と、もんじゅの直下を通るといわれています。

関電や機構などは、これらは「正断層センス」で活断層ではないと評価しています。これに対し渡辺満久氏らは、「新しい時代に動いているのではないか。横ずれ断層は地表部では正断層となっていることが多く、正断層だから活断層ではないとすると、横ずれ活断層の見落としが起きる」と指摘する。関電の資料の「地質水平断面図」によると、断層は多数存在し、美浜原発1号機と2号機の間（4～5本）や2号機の真横（北側に1本）と3号機の真下周辺（5本）が、それらは正断層で活断層ではないと解析しています。しかし、それらは「粘土状破砕部」で、新しい時代に動いたのではないか。さらに、「(参考) 敷

図4　渡辺満久氏講演資料に加筆

地南方向における海上音波探査結果」によると、美浜原発の南方の海底に断層がある可能性があります。

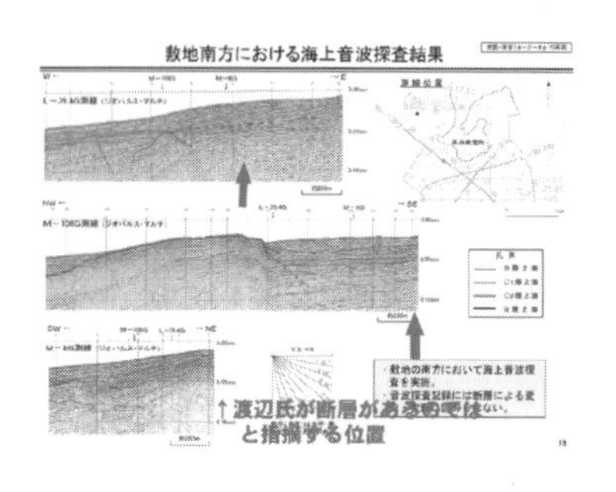

関西電力美浜1号、2号、3号（美浜町丹生）

（1）美浜敷地内破砕帯と白木‐丹生断層の関連性

2014年1月15日、第1回の「美浜発電所敷地内破砕帯の調査に関する有識者会合」（以下、会合）が開かれ、敷地内破砕帯と白木‐丹生断層の関連性に関し、これまでの関電の調査と有識者による現地調査にもとづくコメントに対する回答を関電が行いました。

関電はまず、敷地内破砕帯の活動性の評価について「最新の熱水変質作用以降､破砕帯は活動していない」ので「少なくとも後期更新世以降」動いていないと活動性を否定。敷地内破砕帯と白木‐丹生断層の関連性につては、両者を薄片観察した結果、「敷地内の破砕帯と違って、熱水で生成した粘土鉱物が充填されていない」などと答えました。

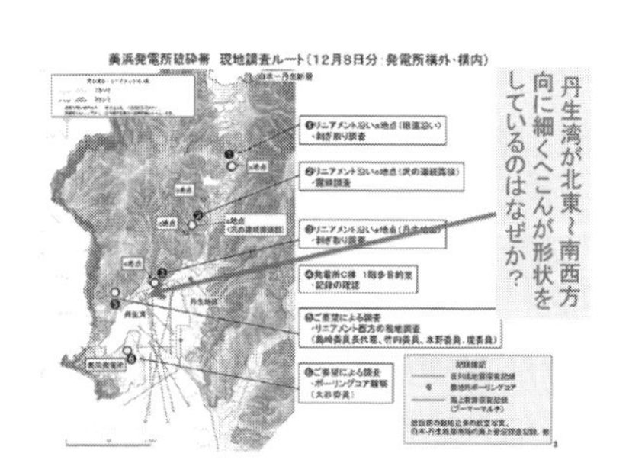

美浜発電所敷地内破砕帯の調査に関する有識者会合　第1回評価会合の資料より＝2014年1月15日に加筆（↑図5）

次に関電は､「白木‐丹生断層」は「活断層として何回も動いた」と認めましたが、その西側の真横にもう1本、南北に走っていることが指摘されている断層帯について、6カ所の剥ぎ取り調査を行った結果、「この場所においては、破砕部は見受けられなかった」と答えました。また、そこから丹生湾の奥辺りをとおり、美浜原発の敷地内に延びるとされる断層の有無についても、海上音波探査の結果、多重反射軽減処理も試みましたが「音波散乱層域のここの下層の地層については、新たな情報が得られなかった」と回答。さらに、その西側にあるとされるL-5リニアメントの評価についても、「土木学会のリニアメント判読基準でいけば、ひっかからなかった」と回答しました。

関電の回答について同会合の竹内章・富山大学大学院教授は、「敷地内破砕帯の最新活動（センス）」および「最新の熱水変質作用」の年代観について疑義を表明。破砕帯における最新面の同定方法につて、「破砕部のブロックサンプルを採取する際に採取できる範囲に限界がある（健岩との境界付近は採取できない）ことを含めて、識別した破砕帯の中軸部（累積変形が顕著な部分）だけで最新面を推定している傾向がみられた。破砕帯と周縁部との境界層での検討が弱いのではないか。このため、地表・ボーリングコアを問わず、調査地点間・最新面間での対比（連続性の追跡）の根拠や信頼性に乏しいと言わざるを得ない」と批判しました。

そして、敷地内で同定された破砕帯最新面群のなかでの性状の比較について、「敷地内の破砕帯は白亜紀末から少なくとも中新世に至るさまざまな年代のものがあるとすれば、同定された最新面はすべて同じ年代とは限らないと思われる」。「もっともイベントが若い（最新の）もの（年代）、もっとも破砕度が高いもの、もっとも変質が進んでいるもの、逆断層や横ずれ断層のセンスをもつものなど、できる限り年代測定、温度圧力条件を特定すること」や最新の熱

2014年1月15日 富山大学大学院 竹内 章氏の資料より

2014年1月15日 富山大学大学院 竹内 章氏の資料より

水活動（変質作用）の年代測定方法について具体的に提案し、詳細に調査するよう求めました。また、関電が行った地殻変動史の評価についても「敦賀半島および周辺の地質に該当する地史を示す必要がある」ことなど指摘しました。

さらに、「破砕帯に認められた暗灰色～黒色粘土鉱物脈にガラス状の物質（シュードタキライト）またはシュードタキライト様細粒化部はなかったか。ガラス～非晶質～隠微晶質部分は高速度すべりによる細粒化や摩擦溶融の結果であり、その流動や注入現象を示す可能性があり、物質科学的な特定が必要である。その際、ガラス質であれば水和による風化も進みやすいので、その点も考慮しなければならない。」と指摘しています。これは、「断層に沿って急激なずれ（運動）が生じると、摩擦熱が発生して岩石の一部が溶融し、周辺の岩石中に脈として入り込む」とされています。これが冷却・固結したものをシュードタキライトといいます。「シュードタキライトの化学組成は、基本的に周辺の岩石の組成と同じである」といわれ、このような急激な断層運動が生じる原因は、地震が発生したことによるといわれることから、シュードタキライトは別名「地震の化石」と呼ばれています。したがって、この場所で過去に地震が発生した可能性を示唆するものであるといえます。

島﨑委員長代理は、「少なくとも、現在、十分にデータがあって、結論が出るという状況にはない、今後、どういう追加調査をするか議論したい」と述べました。

5. 大飯原発周辺の活断層について

(1)「ずれ」（破砕帯・断層・活断層）の危険

渡辺満久氏の資料に加筆

関電大飯原発２号機と３号機の間のタービン建屋の真下に、F-6断層（破砕帯）があります。それは、炉心の直下ではないが、3、4号機の最重要施設である「緊急用取水路」(Ｓクラス）を横切っており、関電の資料を見れば、活断層の可能性は否定できません。

2012年７月の3、4号機再稼働の後、規制委の「大飯発電所敷地内破砕帯の調査に関する有識者会合」(以下、有識者会合）の「事前会合」で渡辺満久氏が、「F-6断層が活断層でないという情報は、今のところゼロ」(6）だと問題提起。結果、さらに再調査が命じられました。

関電は、F6破砕帯の北側で掘削を行い、その結果、逆断層的な「ずれ」と横ずれ断層的な「ずれ」が出てきました。掘削溝の南側断面で、蛇紋岩の基盤に12～13万年前の海成堆積物の「海成層（海の浸食によりできた地形＝ベンチ)」(初めは「K-Tzに覆われるのでそれより古い」といわれていたが、規制委の調査団の統一見解で12～13万年前と変更された）があり、その上の土石流堆積物をずらしています（切っている)。

それが、「地滑りではないか」とう岡田篤正氏らの指摘がありますが、渡辺氏は「海側から山側方向に上に向かって地滑りが起こる可能性はないと」反論しています。また、この「ずれ」の反対側（北側断面）に海成層の真下にある岩盤面の蛇紋岩と輝緑岩との間に、「右横ずれ＋断層」があると指摘しています。これに対しは、設置許可申

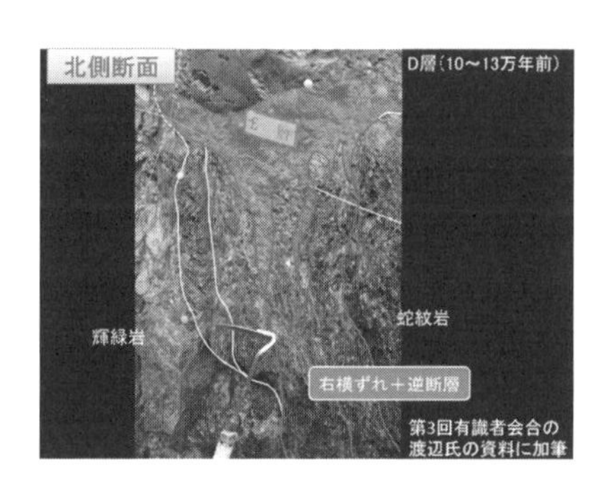

第3回有識者会合の渡辺氏資料より

請やバックチェックでは安全と評価したにもかかわらず、つい最近になって「F6の位置が違っていた」と訂正しました。これに対し渡辺満久氏は、関電が言う「新F-6」について、「許可申請と耐震バックチェック時の調査・審査は何であったのか」と疑問を呈しています。

(2) 規制委が突然「活断層ではない」と表明

その後、この有識者会合は13年9月2日まで6回開かれ、活発に議論が行われました。その第6回有識者会合で、関電が「F-6」と呼び、3、4号機の「非常用取水路」の下を通るとされる破砕帯（断層）について、島崎邦彦委員長代理は「破砕帯（断層）の評価に関して認識の共有化が図れたと私は思っておりますので、一定の方向性が出た」と述べ、次回以降の会合で、規制委に提出する報告書案を提案することを強引に決めました。マスコミはこれを「大飯原発『活断層ではない』規制調査団の認識一致」と報道。規制委は同年9月5日の定例会で、保留していた「安全審査」を再開することを決めました。

しかし専門家は、「敷地南側」（南トレンチ）の破砕帯は、断層の活動性がないことで一致しましたが、さらにその西側に破砕帯がある可能性も指摘しました。「山頂付近」（山頂トレンチ）の破砕帯については複数の委員から「これだけをもって、動いていないというのはどうか」「将来活動する可能性がある断層等ではないのか」という意見が述べられるなど、「認識一致」は得られていません。また、両破砕帯がどのようにしてF-6とつながるのかの共通認識も得られておらず、これらをF-6とつながる断層の一部だと主張する関電の考えには、「関電さんがF-6というのは、無いのではないか。無理やりボーリングでつなげている」な

渡辺満久氏の資料より

ど疑問の声が多く出されました。F-6との連続性がはっきりしないのに、「F-6は活断層ではない」との根拠にはなりません。

さらに、私たちグループが13年８月18日に行った調査結果では、台場浜海岸東部で頁岩と超苦鉄質岩類の境界部の、断層の上方延長は比較的新しい時期の活断層である可能性が高い。また、関電が「地すべり」と主張する同海岸西部の「岩盤表層地すべりブロック」は、「地すべり」と断定するにはデータ不足であり検討も不十分で、「地すべり」とは断定できません。

よって､強引に「報告書案」作成を急ぐべきではありません。そして、関電まかせにせず、大飯原発敷地内とその周辺の破砕帯（断層）などについて、規制委が地質学、地形学、第四紀学的なきちんとした調査を、堆積地質学者などの専門家を加えて行い判断すべきです。

以下に問題点を示します。

①「山頂付近」（山頂トレンチ）破砕帯の活動時期につて、関電自らが証拠不十分を認める…新基準にしたがい安全側に判断し、「将来活動する可能性のある断層等」と評価すべき

関電は、「敷地南側」（南トレンチ）の破砕帯と「山頂付近」（山頂トレンチ）の破砕帯の活動時期を同一だと主張。これについて、複数の委員が疑問を呈しました。

渡辺満久委員は13年８月19日の第５回評価会合で､「山頂トレンチは、非常に硬い岩盤の間に手で掘れるような（軟弱な）破砕帯がる。これは地表部を見ていたわけではなく、もとの山を10ｍないしは20ｍ削った岩盤の中を見ている」と指摘。したがって、破砕帯の上の地層は廃棄されているため、上部の地層を切っているのかどうか、また、「地質構造

学的に活動時期を特定することはできない。」（渡辺委員）

また、渡辺満久委員は13年9月2日の第6回評価会合で、「山頂付近」（山頂トレンチ）F-6破砕帯の薄片観察結果『大飯・現調7-1の45ページ』で、「最新面には緑泥石（の結晶が脈状に充填しており、その結晶は破砕されていない。周辺の破砕部の割れ目にも緑泥石脈が発達しており、破砕されていないは、言葉で『破砕されていない』とは書いてあるが、そういうデータはここにはないのか）と疑問を呈しました。これについて、重松紀生委員も、「これは緑泥石が非常に滑りやすい方向に並んでいることを示している。これが動けば、条線なり何らかの痕跡は残す。山頂トレンチのところで条線を観察したとき、ハ以降の（活動時期に）ハ-1、ハ-2とあって、それ以降の条線は特についていないので、それを考えれば、それ以降に何か活動があったというふうには考えにくい。ただ、これだけをもって、これ以降に動いていないというのはどうかと思う」と疑問を呈しました。これに対し関電は、「おっしゃるとおり、これだけで後期更新世以降の活動はないと言っているわけではなく、これもその証拠の一つ」と述べ、自ら証拠不十分を認めました。したがって、新基準にしたがい安全側に判断し、「将来活動する可能性のある断層等」と評価すべきです。

② F-6の連続性について、「南トレンチ」と「山頂トレンチ」で見つかった破砕帯は、本当にF-6なのか認識は一致していない

規制委は、「敷地南側」（南トレンチ）の掘削について、300メートルのトレンチを掘るよう要求しました。しかし関電は、「70メートルのトレンチを掘れば、その掘削口の真ん中にF-6が出てくると主張し、規制委員会の要求を拒否しました。その結果、実際には「敷地南側」（南トレンチ）の掘削口の東側の端に破砕帯が出現。関電はこれを新F-6と呼んでいるが、多くの委員から疑問の声が出ています。

重松紀生委員は第5回評価会合で、「No37ボーリング試掘坑やNo37-2同の破砕帯幅を見ると30cmあり、幅と長さの関係から考えると、

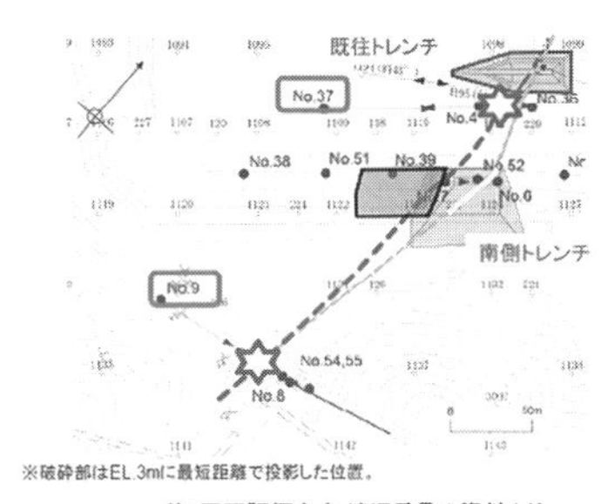

第5回同評価会合 渡辺委員の資料より

100ｍ以上続くのではないか。No37-2がそのままの走向で延びてくると、南トレンチ部分を外している可能性もある」と指摘しました。また、廣内大助委員は同会合で、No37ボーリングの破砕帯は、「西傾斜の顕著なものが、本当に連続しないのか。」「最大の疑問は、F-6が曲がったところから延びて、それがNo37に続くのではないか疑問である」と述べました。渡辺満久委員も同会合で、「南トレンチの西側付近（No51とNo39の間）まで掘る必要がある。疑問が残った」と重ねて指摘し、関電に掘削を求めました。

４人の委員の内、３人の委員までが、山頂トレンチと南トレンチの破砕帯がどのようにしてF-6とつながるのかの疑問を呈し、認識は一致していません。F-6との連続性がはっきりしないのに、「F-6は活断層ではない」との根拠にはなりません。

③台場浜の露頭について、当初関電が「F-6だ」といっていた破砕帯と、「新たなF-6」が見つかったことの説明は不十分である

廣内委員は13年７月８日の第４回評価会合で、「当初のF-6が、どう考えられたのかを、一番初めの報告書を読んだ。東傾斜と言っているのは、この既存（「既往」）トレンチだけである。実際に（このトレンチの）左右の断面と、それから、３号炉付近をまたぐ南北の断面を見てみると、いずれもF-6を西傾斜の断層として認定している」。「もともと西傾斜で考えていたものが、東傾斜の断層で今回は置きかえている」と指摘しています。また、第５回同会合でも、「F-6は従来指摘されたものとは違った部分の破砕帯がF-6につながるという説明を受けた、一方で、そもそも前に認定していた破砕帯というのは消えるわけではないので、これは一体何か。」。「一方で、そもそもF-6を認定したときの基準で指摘さ

れたものが、どう評価されているかについて説明が不十分」（第4回評価会合）だとさらに疑問を呈しています。

関電は、建設時の大飯原発3、4号機の設置許可申請書で示したF-6の性状は西傾斜と説明。今回の「新たなF-6」はまったく別物で、東傾斜だと説明しています。台場浜の破砕帯についても「地すべりだ」として、「山頂トレンチ」との連続性についても否定しています。これについて関電は、「もうちょっと整理する」などと答えるのみで、明確に説明していません。

④台場浜海岸東部の、断層は「活断層」である可能性が高い。「地すべり」と主張する「岩盤表層地すべりブロック」は、データ不足で「地すべり」とは断定できない

福井嶺南原発断層調査グループ・立石雅昭新潟大学名誉教授らの調査によれば、「関西電力並びに規制委による台場浜海岸の調査結果は、活断層無しとするにはあまりにも杜撰だ（7）」と指摘。規制委評価会合の資料を引用し、「例えば、岡田篤正委員が引用した関西電力の写真をみると、写真に立った礫が写っているにも関わらず、また、活動性を検討する基本となる基盤中の断層の上位層への延長についての言及がない。」

「さらに、図6露頭写真が示すとおり、頁岩と超塩基性岩の境界について、規制委員会では断層説と地すべり面説とがあるが、我々の観察では、破砕帯を伴う断層であ

台場浜海岸の遠景と露頭写真

図６　ハシゴの下部の詳細な解析結果（立石雅昭・新潟大名誉教授の資料より）

り、地すべり面ではない。しかも上位の崖錐を切っている活断層である可能性が高い。(7)」と断定しています。さらに、「規制委専門家会合ではF-6断層が尾根で終わるとする関西電力の報告を十分な検討もなく受け入れ、この台場浜の断層説、地すべり説、およびF-6延長問題を議論せずに、敷地内には活断層がないという結論を出しているが、この結論はあまりにも早計と言わざるを得ない。よって、規制委専門家会合の科学的調査は再考するべきである。(7)」と結論づけています。

以上のことから、規制委は強引に「報告書案」作成を急ぐべきではありません。そして、関電まかせにせず、大飯原発敷地内とその周辺の破砕帯（断層）などについて、規制委員会が地質学、地形学、第四紀学的なきちんとした調査を、堆積地質学者などの専門家を加えて行い判断すべきです。

（3）活断層の連続性（の過小評価）と変形帯

大飯原発の海側にFO-BとFO-A断層があり、北東側が沈降（落ち込み・Down）、南西側が隆起（Up）している。熊川断層は左横ずれ断層であることから、FO-BとFO-Aも一連の断層であると考え、この２つの断層帯の間にある小浜湾にもその断層があると渡辺氏は指摘します。いわゆる石橋克彦氏らが指摘する「３連動」「活断層の連続性」の問題です。

まず、FO-Aの東南側を北東から南西方向に海底超音波探査をした図（JNO-02BM）（8）を見ると、断層の有無はわかりません。小浜市に近い湾の（熊川断層の北西側）海底音波探査図（JNO-aWG）（8）を見ると、

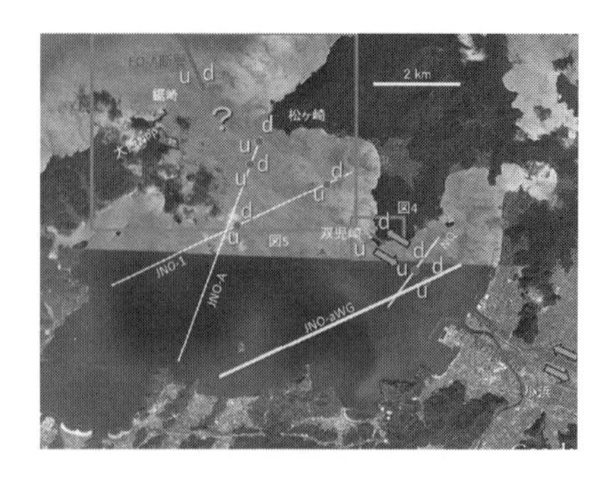

渡辺満久氏の資料に加筆

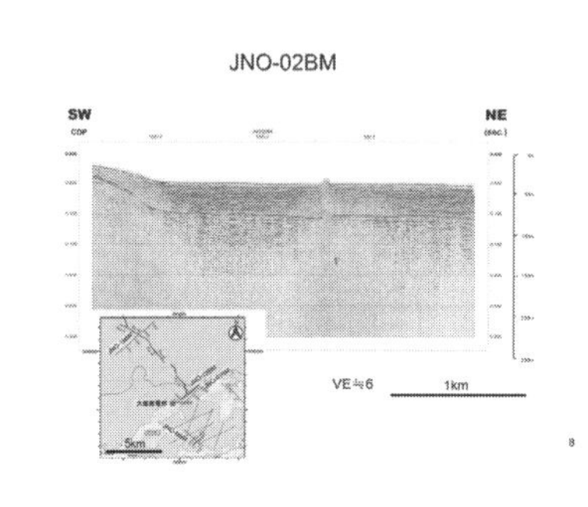

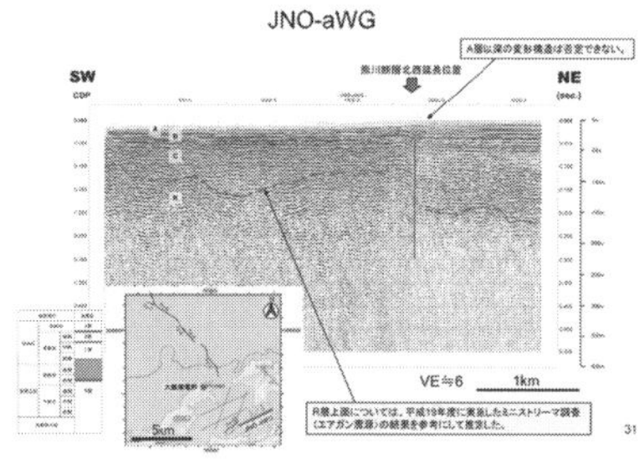

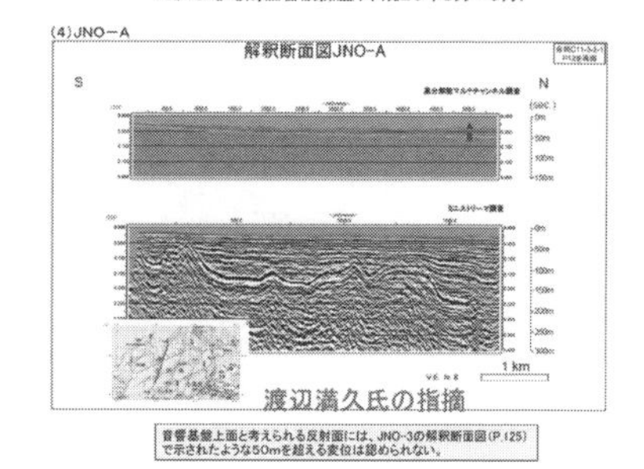

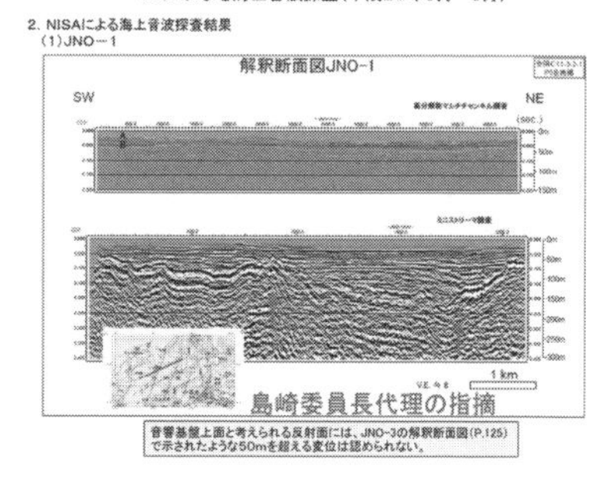

関電資料（大飯発電所 Fo-A ～ Fo-B 断層、熊川断層 連動性に関する検討について ）に加筆

明確な断層があるように見えますが、関電は「海底の泥の中にガスが存在する」とガスの影響と説明し、念のため熊川断層の西北延長部は小浜湾岸まで伸びているとしています。

次に、そのすぐ南側の側線「解釈断面図 JNO-A」(9) を見ると、断層があるように見えます。さらにその南側の側線「解釈断面図 JNO-1」(9) についても、「断層があるのではないか」と島崎邦彦・規制委委員長代理が指摘しています。これらの断層だと思える解釈断面図からは、FO-B と FO-A と同様に北東側が落ち込み（Down)、南西側が隆起（Up）している断層があると推測できます。

渡辺満久氏の資料より

渡辺満久氏の資料より

渡辺満久･中田高両氏は側線 JNO-aWG の北西方向側のすぐ近く（NQ）で、自前で超音波探査を行いました。その結果、「完新世」に形成された地層である「完新統」で１万年前以降に活動した断層があることを発見しました。(10) 関電は、「ガスの影響」と反論。両氏は、「ガスの影響で『曲がっている』わけではない。ガスは熊川断層の西北延長部の北東側にしかなく、関係をきちんと調べる必要がある」と指摘しています。

また、同事前会合の中田氏提出の、「参考資料 2」双児崎の上空写真をみると、海底に水没した形のベンチが見られ、ベンチの高度変化があります。さらに湖岸線がずれており、左横ずれ断層があること分かります。したがって、熊川断層は小浜市の双児崎先端部分までつながっているといえます。

次にその北西部について、側線「解釈断面図 JNO-A」や側線「解釈断面図 JNO-1」では断層の有無はわかりません。しかし、同第３回評価会合の渡辺氏提出の資料と説明によると、海成段丘面の分布（海底が干上がった昔の地形）状況を見るという手法で解析すると、12 ～ 13 万年前に隆起したＳ面（12 ～ 13 万年前の温暖期（高海面期）に形成された海成段丘面）が大飯原発の周辺に見られることから、この周辺が 10 ～ 14 メートル隆起したことが分かります。FO-B、FO-A 断層から南東方向の延長線上を境にして内外海半島側には海成面は全く見られないことから、FO-B と FO-A と同様に北東側が沈降（Down）し、南西側が隆起（Up）しています。FO-B、FO-A の延長線から熊川断層に続く海底に活断層帯があり、3 断層はつながっている「一連の活断層」と見ることができます。

また、渡辺氏によると、大島半島の大飯原発周辺にあるＳ面（図 7）は昔の海岸線で、同じ高さであるはずなのに、海側の 14 メートルにたいして、陸側は 10 メートルと低くなっています。これは、海底の活断層の運動によって地塊の片側が大きく隆起したため、地表が傾く「傾動」が生じました。そのため、「上盤側（南西側）が変形帯になっている」ことを示しており、この結果からも、FO-B、FO-A 断層から熊川断層までは「一連の活断層」であることが分かります。

次ぎに、大飯原発周辺の地形について渡辺氏によると、この海底の活断層が動いたときに「傾動」が生じ変形する領域であるとは明らかであり、このため、大飯原発敷地内に、古い断層や地滑りなど、何か動いたような跡があり、それが固まってない状態であれば、この海底の活断層が動いたときに、F-6 断層のほか原子炉直下の断層も連動し動く可能性があります。これまでの調査で、「ずれ」が確認されており、「変形帯」の中にある炉心

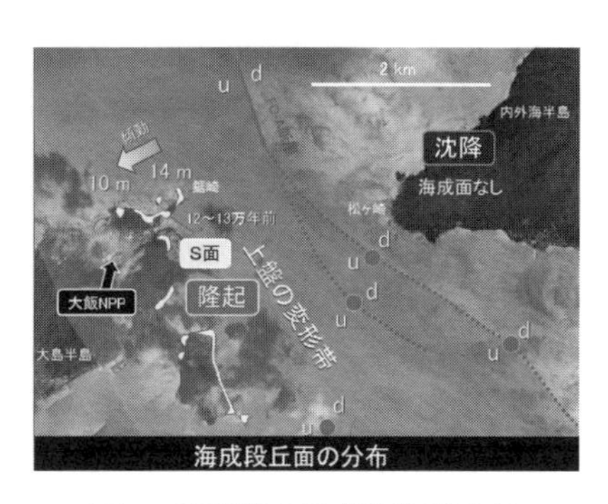

図 7　渡辺満久氏講演資料より

直下の断層は安定しているのか疑問です。

以上の結果から、①F-6断層の北方延長部である台場浜では、12～13万年前（20数万年前）以降の変動があり、「活断層である可能性は否定できない」こと。（有識者会合における統一見解）②FO-B、FO-A断層は、熊川断層と連続する活断層であること。③大飯原発は、前述の活断層上盤側の変形帯の中にあり、施設内の「古傷」などが再活動する恐れがあること、ということが言えます。安全性を十分に確認する必要があります。

全ての原発が停止しているときだからこそ、国・規制委は国民の安全に資する立場で、可能性が否定できないものを想定し、安全規制にあたるべきです。

（4）関電が３連動を否定

①規制委から厳しい意見

関電は、13年7月8日に行われた規制委の「第4回大飯発電所3・4号機の現状に関する評価会合」で、昨年秋に行った「熊川断層西端に関する補足調査」（11）の反射法地震探査のNo,1側線とNo,2側線の結果などをもとに、小浜市和久里付近から、東に約4km離れた同市平野付近の２つの測線において、想定基盤上面および堆積層中に断層による変位・変形構造が認められないことから、熊川断層の西端は日笠付近にあり、文献（中田・今泉編デジタルマップ）に示された熊川断層と整合するので、熊川断層の長さは14kmであると主張。また、「FO-A断層南端と熊川断層西端までの離隔は約15kmで、旧原子力安全・保安院の調査による小浜湾内の変形構造が否定できない箇所から熊川断層西端までは約8kmである。小浜湾内で実施した海上音波探査

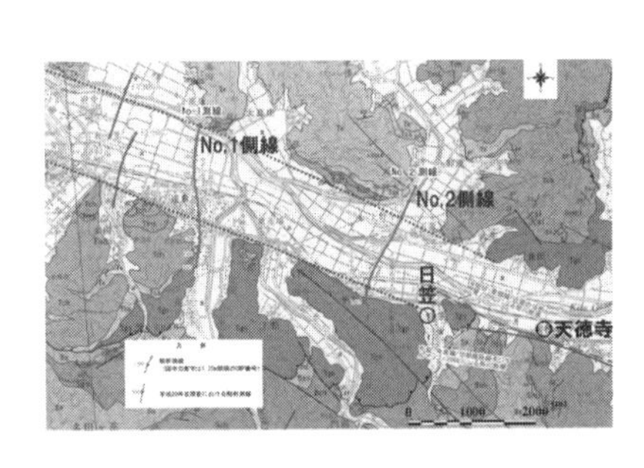

関電資料より

の結果、後期更新世以降の地層に両断層が連続するような構造は認められない」、などを理由に、「FO-B、FO-A 断層と熊川断層の連動を考慮する必要はない」と表明し、「3 連動」を否定しました。

これについて、規制委と（独）原子力安全基盤機構（2014 年 3 月 1 日から規制委に統合）から厳しい意見が相次ぎました。小林源裕・耐震安全部主任研究員からは、「論理が破堤している。天徳寺の下の、くぼんでいるところは測線が張れる。天徳寺の下は活断層と認定されているので、そこで調査し断層が出なければ、この論理は破堤する」「そこに活断層があって、その測線上を同じ調査方法で調査して同じ結果が出てくるのかどうか、天徳寺付近で（断層が）なければ破綻する」と指摘し、関電の調査が不十分で断層の存在を「否定する材料にはならない」と強調しました。また、関電は「海上音波探査の精度をいまの V.E. ≒ 6（倍率を 6 倍）を V.E. ≒ 1（倍率を 1 倍）にして図面を作成し、広く情報を開示して判断してもらいたい」と要求。これについて島崎邦彦・規制委員長代理は、「その考えは間違っている。倍率を高くして見ることで、わずかな段差が見て取れる。それをわざわざつぶすのは、いったい何をやっているのか」と厳しく指摘しました。

②過去十数年間の地震は、活断層分布とは異なった未知の震源断層があらわれている

また、未知の断層が動く場合の具体的例として、「関電の主張は、音波探査記録から断層の有無と断層の長さを判断し、その断層が連動するのかどうかを評価し、震源断層を想定している。しかし、1995 年兵庫県南部地震（M7.3）、2000 年鳥取県西部地震（M7.3）、2007 年の能登半島地震（M6.9）、2008 年岩手・宮城内陸地震（M7.2）など過去十数年間の地震は、活断層分布とは異なった未知の震源断層があらわれている。」「これは、認定されていた活断層からは想定することが難しいものであったという決定的な事実が無視されている。原子力施設が活断層の上にあってはならないのは当然だが、調査によって活断層が認定されて

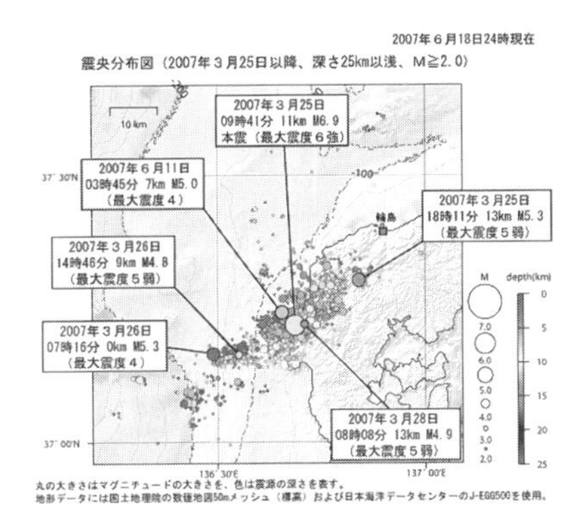

気象庁の「能登半島地震の余震分布図」

も、引き起こされる地震が正しく想定できるわけではない。これは海底活断層だけでなく、陸上の活断層も含めて、兵庫県南部地震以降の過去十数年間に明らかになった事実である。そのことの理解なしに活断層の有無にのみ『詳細』な議論を重ねる事は本質を見逃すことになる」（評価会合の資料５(12)）と、岡村眞・高知大学教授は指摘しています。

実際に、「2007 年の能登半島地震（M6.9）では、活断層は輪島市から南西に約 20㎞の海域に分布しており、陸域には認められていなかった。しかし、余震分布図（13）から震源断層は５～ 10㎞程度の内陸までつづき、活断層がないところまで伸びていたことがわかっている。海底断層は陸域境界部で連続性が切れていることが多く、断層がないからといって震源となる断層の存在はわからない。大飯原発周辺の海底断層が陸の手前で途切れているからといって、想定される震源断層もそれ以上伸びないと考えるのではなく、少なくとも５～ 10km は延長すると考えるべき」（同）です。よって、FO-B、FO-A 断層は熊川断層と連動し、大飯原発の直下の活断層の可能性がある「破砕帯」や「ずれ」とも連動すると考えるべきです。

(5) 新規制基準適合で、関電は震源を不当に深く（炉心から遠く）想定していることについて

最後に、本年３月５日に開かれた、第 89 回 原子力発電所の新規制基準適合性に係る審査会合で、規制委の島崎氏が、「何が問題かと言えば、基準地震動の評価が問題で、FO-B、FO-A が大飯原発の敷地から至近距離にある。断層までの最短距離が非常に近い。（関電が言う）地震発

生の上端を4キロとすると、それよりも上には震源が来ないということになる。そこがキーポイントである。（中略）地震発生層の上端が浅くなれば、それだけ震源は炉に近づく。地震発生層の上端を4キロと置いているのは、大飯と高浜だけである。玄海は3キロで、それ以外の島根、川内、伊方は2キロである。それと比べると倍の深さにして震源を遠ざけている。（中略）1997年3月26日鹿児島県北西部地震の三宅ほかでは震源の上端の深さは2.2キロである。2000年鳥取県西部地震では、池田ほか2002によれば0.8キロ、地震調査研究推進本部の結果では2キロ。2005年の福岡県西方沖地震で佐藤・川瀬2006では0キロ、（同）地震本部の結果では3キロで、関電の上端の深さ4キロという数字は、常識的には深すぎると思う。敷地周辺の地下構造と敷地周辺の地震発生層の上端が問題である」と指摘し、基準地震動759ガルの妥当性も検討されましたが、震源断層と原子炉の最短距離の想定が不適切とされ、大幅な見直しを関電に求めました。

これに対して関電は、他は2キロかもしれないが、我々が解析した結果、4キロとなったと強弁。島崎氏は、「引用する論文で違う、特定の考えを支持するような論文ばかりを集めずに、特定の考えに反対するような論文も集めて、かつ最新の研究の成果を活かしてほしい」と批判し、さらなる検討を関電に求めました。

私はこの考えには賛成しますが、そこまで言うなら、なぜ規制委が自身で調査し、判断しないのか疑問です。結局、関電の主張に対して批判はするが最後には追認するという旧原子力安全・保安院、原子力委員会の姿勢、国と電力会社に迎合する姿勢があるように思えます。

(6) 大飯「基準地震動」(想定地震揺れ)856ガルに引き上げ

関電は2013年7月の申請時、これまで700ガルとしていた大飯原発の基準地震動について、審査の中で、規制委から3つの活断層（全長計約64キロ）の運動の考慮を求められ、759ガルに引き上げると提案ましたが、認められませんでした。さらに、関電は2014年5月16日、原発再稼働の前提となる安全審査で、大飯原発３、４号機の想定する地震の揺れ（基準地震動）を2009年３月の申請時の700ガルから856ガルに引き上げる方針を、同日開かれた規制委の審査会合で表明しました。

これまでの審査会合で規制委は、関電が約3.3キロとしていた想定する地震の震源深さを、より大きな揺れにつながる３キロにすべきだと指摘していました。その結果、関電は規制委の指摘を受け入れ、試算結果として新たに856ガルの基準地震動を提示しました。これに対し規制委は、未知の活断層に備えて想定する地震の揺れの検討などが不十分と指摘。島崎邦彦委員長代理は「まだいくつか検討のポイントが残っている」と述べ、審査の判断を保留しました。

このシンポで講演を行った2014年８月31日の時点では、関電・大飯原発（福井県おおい町）の再稼働が大問題になっていたため、同高浜原発（同高浜町）につてはほとんど記載していませんでした。しかし、規制委は同年12月17日、高浜原発３、４号機の再稼働の前提となる原発の新しい規制基準に「適合」したとする「審査書案」を了承し、30日間の意見募集を行うことを決めました。ここでは、その高浜原発の問題点につて加筆します。

6. 高浜原発について

東電福島第１原発の事故から３年９ヶ月がたちましたが、いまだに事故は収束しておらず、12万人を超える人たちがふるさとに戻れず避難生活をおくっています。しかし、関電は、安倍政権が「原子力規制委員会の審査に適合した原発は再稼働させる」としていることをうけ、大飯原発につづき、高浜原発３、４号機及び１、２号機を動かそうとしています。これは、「フクシマ」の再来に不安をつのらせ、「原発ゼロ」を願う７、８割の国民の声に逆らうものです。関電や電力業界などは原発再稼働を急ぐ理由として、原発を停止し稼働させている火力発電所の燃料費がかさむことを述べていますが、先の福井地裁が明確に判示したとおり、人間の生命や環境に深刻な被害を及ぼす原発の再稼働と、電力会社の経営問題を天秤にかけるのは重大な誤りです。以下に、問題点を述べます。

高浜原発が、規制委の新規制基準に「適合」したとする審査書案では、同原発で想定される地震の最大の揺れ（基準地震動）を700ガルとしています。しかし、地震動想定はバラツキが極めて大きい上に、そのもととなる地震動データは数十年程度のものでしかなく、この程度のデータで今後12 ～ 13 万年間の最大地震動の想定をしようとすれば、その誤差は極めて大きく、確実な科学的根拠に基づく想定は本来的に不可能であり、高浜原発に700ガルを超える地震は来ないとの確実な科学的根拠に基づく想定は本来的に不可能です。（この10年足らずに4つの原発で、想定した基準地震動を超える地震が5回も到来している。）

次ぎに、審査書案は、想定する津波の高さを6・7メートルとして、防潮堤などを建設し、敷地の浸水を防ぐとしています。これは、「日本海における大規模地震に関する調査検討会」（以下、検討会）の検討結果に基づくとされていますが、その結果は最初の試みであり限界があります。たとえば、この津波計算は沿岸を50 m四方のメッシュ（編み目）で区切ってなされていますが、この精度では、沿岸近くの地形の影響で津波の性質や高さが甚だしく変わることを充分に取り入れることができません。津波は反射も屈折も、重なり合いもします。その結果、局所的に高い波が現れることも考えると不十分です。

また、検討会は発生する津波高を予測する場合、「断層の面積とすべる量、とくにその水平投影量で、津波の大きさ、高さが決まる」としていますが、これでは若狭湾の断層と津波の場合、断層の傾斜が急なほど、発生する津波は小さくなります。さらに検討委員会は、若狭湾では地形の複雑さによって、水の動きが非常に複雑になること、津波到達時間が1分以内と短くなることなど注意を喚起しています。こうした指摘に対し、福井県は「津波高について、10 m四方のメッシュなどの評価方法や計算式の妥当性、歴史津波、山体崩壊などの関係を含め、今後検討委員会を立ち上げて検討する」言っています。検討はこれからで、関電の結論は早々です。いずれにしても若狭湾のようなリアス式海岸での原発設置は、津波や山崩れと深層崩壊など他の場所と比べても極めて危険です。

次ぎに関電は、高浜原発で過酷事故が起きれば19分で炉心溶融し、1.5時間後に原子炉圧力容器が壊れ、放射性物質が漏れるとしています。しかし、住民を放射能から守る自治体の避難計画は自治体任せで審査の対象に入っておらず、住民の安全は無視されています。「地元の同意」の手続きも、住民への説明会を開催しないなど問題です。

また、高浜原発の30キロ圏には福井県だけでなく、京都府、滋賀県の３府県が入ります。京都府舞鶴市は、事故時に即時避難が必要な５キロ圏の地域があり、両府県は安全協定の締結を求めています。「地元の同意」の「地元」にこれら周辺自治体を入れるべきです。実効性ある原子力防災計画も無い「国際基準」違反の再稼働は論外です。

次ぎに、老朽化した原発の炉心は、中性子劣化と脆性遷移温度の上昇により「脆性破壊」や「照射誘起応力腐食割れ」による「炉心崩壊」の危険が高くなります。特に、中性子の照射量が多い加圧水型原発で起こりやすい傾向があります。新品の原子炉の脆性遷移温度は－20℃ですが、高浜１号母材68℃（2012年）でさらに上昇していると考えられます。そのため、老朽化した原発は事故の起きる確率が高くなり、地震などの際、ますます危険です。

おわりに

先の福井地裁判決は、「人格権」が奪われる事態として自然災害や戦争と同列に原発事故を上げ、原発の「具体的危険性が万が一でもあれば、その差し止めが認められるのは当然である」と強調し、憲法遵守の立場から、国や電力会社に対して国民の基本的人権を最大限尊重することを求めました。これは原発ゼロをめざす上で画期的判決であり、私たちの運動に憲法上の根拠を与え、大きく励ますものです。国や電力会社は、この判決を重く受けとめ、「原発ゼロ」を決断すべきです。

以上

参考文献など

1）山本博文・木下慶之・中川登美雄・中村俊夫（2010）　福井県越前海岸沿い断層群の活動履歴について

2）山本博文・上嶋正人・岸本清行（2000）　ゲンタツ瀬海底地質図及び同説明書

3）太田陽子・成瀬洋（1977）日本の海成段丘

4）山本博文・中川登美雄・新井房夫（1996）越前海岸に発達する海成中位段丘群の対比と隆起速度

5）敦賀発電所敷地内破砕帯の調査に関する有識者会合・資料

6）「若狭湾の原発と活断層」2012 年 11 月 24 日、敦賀市での講演（渡辺満久・東洋大教授）

7）「大飯原発前面、台場浜海岸の断層露頭の調査結果について」（2013/9/17　福井嶺南原発断層調査グループ）

「若狭湾の原発と活断層」2012 年 11 月 24 日、敦賀市での講演（渡辺満久・東洋大教授）

8）若狭湾西部海域等における海上音波探査について H21.4.28 旧原子力安全・保安院

9）FO-A~FO-B 断層と熊川断層の連動性評価　旧保安院 H20.3

10）「若狭湾の原発と活断層」2012.11.24 敦賀市での渡辺満久氏講演

11）H25.5.10 関電資料「FO-B、FO-A 断層と熊川断層の連動性に関する評価について」

12）H25.5.10 原子力規制委員会「第 4 回大飯発電所 3・4 号機の現状に関する評価会合」資料 5「Fo-A ～ Fo-B 断層と熊川断層の連動性に関する意見」（岡村眞・高知大学教授）

13）気象庁の「能登半島地震の余震分布図」

総合討論の記録

第１部　福島原発事故から３年半―現状はどうなっているか

質問：「間違った情報があふれているという話があった。新聞を読んでいると、専門家が書いている記事は少ないように思えるが、どう考えるか」

清水：「放射能の問題で間違っている情報と正しい情報の区別をつけるのが難しいことは確かだ。低線量被曝の影響は『よく分かっていない』と一般的には言われているが、白黒をはっきりさせるのが難しいということは事実だ。もう一つ福島で難しいのは、ある被災者を支援しているとすると別の被害者を傷つけてしまうような、きわめてデリケートな情報環境があるということだ。新聞報道では戻れない、たいへん辛い生活をしていると、県外に避難している人をとりあげることがたいへん多い。これは間違っていないし、事実だ。一方でそういう報道をされると、福島県内に残っている我々は非常にストレスを受けることになる。子どもを福島に置いておくなといわれると、子どもといっしょに暮している親は加害者の立場に立たされてしまう。どうするかといえば、事実に基づいた行動をしてもらいたい、という一言に尽きる。福島県民はこういった複雑な環境の中におかれていて、ある意味ではマスコミの行動というのはもろ刃の剣だということを認識して、報道してもらいたいというのが私の気持ちだ。また、分からないという言い方そのものがストレスを生んでいる。そこを何とかしないといけない。分からないままで放置しておくことはできないと考える」

野口：「低線量放射線被曝の影響については、動物実験だったらそれなりにデータの出しようがある。照射実験ができるからだ。とはいえ低線量だとなかなか大変だ。100万匹のマウスを使った研究も米国にはあるが、低線量となると発症率が減るから、動物実験でも簡単にはできない。まして人間だと実験そのものができないので、ヒトのデータは線量が低い部分がとれない。高い部分はデータがある。広島・長崎の被爆者、核実験の時に近くにいた人たち、酸化トリウムを医療上の理由で投与されてしまった何千人もの人たち、放射線事故に遭遇した人たちなど、不幸にも大線量で被曝した人たちがいる。この方たちのデータだ。もちろん低いところのデータを出す努力は必要だ。低い・高いというのは100mSvをはさんで区別している。50～100mSvでは将来、ヒトに関するデータがでてくるかもしれない。誤差は非常に大きいだろうが。福島の人々は事故から4年目に入って、合計で10mSv以下の人が大多数を占めていると思う。このくらいのところになると、将来に時間がたてばデータが出るというものでもなく、そういった極低線量域をどう考えどう対応していくのか。私はもう何年も前から、これは科学の問題ではないといっている。科学者はデータに基づいて対策を考える。データがない中で対策を考えるのは、ある意味で科学の問題ではなくなってくる。だから、国際放射線防護委員会は生物学的な根拠に基づいてしきい値なし直線モデルを使っているのではなくて、公衆衛生上の慎重な判断なのだといっている。しきい値があるのかもしれないけれど、あるという証拠がないのだから、とりあえずしきい値なしの直線で対策をたてましょうといっている。その考え方は、放射線防護の基本としては99％以上の防護学者が共有できていると思っている。医学者はしきい値ありと考えている人が多い。線量が少ないと損傷の度合いも少ないから、おそらく生体内の修復酵素によってほとんど完璧に修復されるので、がんにはならないという説は、理屈としてはよくわかる。しかし、データはないのだから、低線量の領域はしきい値なし直線モデルで対応せざるを得ないと思っている」

質問：「鼻血がでるということがいわれている。低線量被曝でそういったことは起こらないという説明は聞いたが、原発が爆発した時に、放射性物質のほかにいろいろな化学物質がでてきたのではないかという気がしている。そういったことによって、福島でいろいろな現象が起こっているということも考えるが、どうか。目がちかちかしたとか、動物がへんな死に方をしたとか植物が変な枯れ方をしたとか、そういった情報を聞いている」

清水：「専門的な立場からは今の質問にこたえる能力はない。原発事故が起こった時に福島県民がどういった状況におかれたかということは、なかなか想像を絶するものがあって、私の妻も家にずっと閉じこもりになった。換気扇に全部目張りをして、窓もすべて閉めて、テレビをつけっぱなしにして放射線の情報をずっとノートに書き写していた。そういう日が何日も続いた。私は外に出て仕事をしているのでまだいいのだが、妻は家に閉じこもっていることで大変な精神的なストレスがあった。私の家の場合は避難していないから、まだましなケースだ。中には５回も６回も、あるいは10回も避難先を変えた人もいる。そういった中で精神的・身体的なストレスがどれだけあったのかというのは、相当のものであったと想像する。そういった中で体調に変調をきたした人は、おそらく大勢いたはずだ。素人はそういった変調はぜんぶ放射線のせいだと考えてしまうわけで、やむをえないと思うが、そういった考え方からはそろそろ脱却しないといけないと思う。鼻血の例で言えば、もし福島にいて被曝が原因で鼻血が出るようであれば、原発の現場作業員は鼻血だらけになっているはずだし、頭部のCTスキャンをとれば鼻血が出るはずだが、そんな事実はない。私の身の回りで聞いていても、そういったことになっていない。鼻血を出した人はいるだろう。それが放射線によるものかどうかということは、じっくり落ち着いて考えられる段階だと思う。あの人がこういっていたといったことで、放射線を語る段階ではないと思う」

質問：「放射線にかぎって考えてしまうから、おかしくなるのではないか。放射線以外のことも出てきているのではないか、ということがいいたかった」

清水：「それなら同感だ。福島県県民健康調査は、放射線の影響だけを調べているのではない。県民の健康を維持することが調査の目的であって、甲状腺がんばかり注目されているが、精神的なストレスも含めて調査の対象になっている」

質問：「しきい値なし直線仮説は生物学的な根拠に基づいているわけではないという話があった。ゴフマンの著作を読んで、しきい値なし直線仮説は科学的に論証されているのかと思っていた。ゴフマンの研究について疑問があったら聞かせてほしい」

野口：「ゴフマンはたしか生物学が専門の人で、私は放射化学・放射線防護学が専門なので、ゴフマンの研究に対して特に何か疑問というのはない。もともと承知していないので。ただ、福島で問題になっている、事故から4年目に入って合計で10mSv以下の人が大多数を占めているという極低線量域については、多くの専門家が認める信頼性の高い発がんなどのデータはないと考える。これはゴフマンがいっていようがいっていまいが、そういうことが問題ではなくて、多くの研究者はそういうデータはないと考えている」

質問：「地下水の問題について。各原発についても、地下水をくみ上げる井戸はあるのか。志賀原発でも地下水は今でも汲み上げているのか」

本島：「現役の時は岩盤地下水工学を専門として、原発も含めて電気事業者・電力会社の地下水問題は全てタッチした。志賀原発、当時は能登原発と言っていて、場所も現在とは少しずれていた。能登原発といっていた当時は２つの町（志賀町、富来町）にまたがって計画されていた。そこでも調査のためのトンネルをほって、地下水の調査も行われた。ここに炉心を置くべきではないというメモを出したことも覚えている。そこから、今の位置に移ったあとの調査には行っていない。

質問：「川内原発が心配な50km圏内に住んでいる。九電はいろいろな対策を打っているといっているが、火山に対する対策はやっていない。人間システムの問題はどうなっているのか。福島で事故が起こった時に、発電所と東電本社の間で情報伝達は機能しなかった。九電の場合、技術陣や経営陣は事故の際の判断能力を持っているのか。事故への対応判断は福岡の本社で行うのか。電力会社は注文書を書いているだけで、わかるのは電力メーカーだけではないか」

舘野：「メーカーの人にいわせると、電力会社というのは使っているだけで、技術的には心配なようだ。ルーチンの仕事としてはやっているだろうが、異変が起こった時にきちんと対応できるのか、メーカーの技術者は相当な疑問を持っているように思える。そういう状況であるならば、電力会社の中に指揮命令系統があったとしても、本当に事故処理できるかというとできないだろう。事故が起こった際にメーカーを含めた対応ができるシステムをつくらない限り、事故を収拾させるのはたいへんむずかしいだろう。以前、プルサーマル問題で四国で行われたシンポジウムに出席した。最初は東京電力のような技術能力が高いところでプルサーマルを行う予定だったが、東京電力は事故隠しでダメになってしまったので、四国電力でやるようになった。四国電力には差別的発言と受け取られたようだが、それでも技術的能力というのは、余分な人がいれば事故の時にどうするかということが検討できるが、少ない人数で日頃の運転だけで精一杯の電力会社ではできない。大きい電力会社のほうが技術的能力は上だと思うが、日本で一番大きな電力会社である東京電力があの体たらくだった。そのことからすれば、他の電力会社では事故対応能力はないと考えていいのではないか。防潮堤をつくるとか施設をいくら改善しても、肝腎の原発の事故対応を行う能力がなければどうしようもない。そのへんのシステムを変えていけるのかというと、たいへん難しいのではないか。これが一番大きな問題だろうと思う」

清水：「福島事故に関しては技術的な総括とあわせて、政治的・社会的な総括が必要だと思っている。先ほどの報告でも述べた『国民が原発を選んだ』ということは、この間ずっといってきたことだ。スリーマイル島の事故がおこりチェルノブイリがおこった、その他にも深刻な事態の一歩手前までいった事故が何回もおこってきた。にもかかわらず、世論調査をすると多数の国民は慎重に運転してくれ、不安はあるけれどもやむをえないというのが基本的な結果だった。なかなか世論がかわるのはむずかしいと思った。地域の実態については福島をはじめ、皆さんがご存じのとおり、地元が原発を誘致してきたという経緯があり、原発の恩恵を受けてきた。私は今度の事故が起こった時に、これで世の中が変わるのではないかという期待を持った。いくらなんでも、これだけの大きな事故を目の当たりにして、世論は大きく変わるだろうと。しかし、その後の２度の国政選挙で原発問題はメインの争点にはならなかった。争点にならなかったということは、国民が争点にできなかったということだと私は解釈している。事故の後にいろいろな地方選挙があったが、脱原発の候補者が当選した首長選挙は1つもない。争点にもならない。福島についていえば、第二原発を廃炉にしろという声が自治体からぞくぞくとあがった。双葉8町村という原発からの利益を得てきた地域は、それをいわなかったが、去年の12月になってやっと第二原発の廃炉をいった。飯のタネだから、簡単にはおさらばできないという意識がまだある。私は、それをいうのだったら原発を誘致したのが間違いだったと、はっきりいってほしい。しかし、現地ではそういう総括はまだできていない。そういった事故の後の政治状況をみても、国民が未来に対して責任を負うという責任を果たしているとは思えない。そのことを象徴するのが汚染物の処理・処分問題だ。要するに場所の問題だ。放射能は福島に持っていけばいちばん楽ではないかという発想、宮城や栃木など福島県外で出た廃棄物を発生源の福島に持って行けという発想がでてくるのは、結局、自分の問題として当事者意識を持てずに来ていると私は思う。原子力ムラが悪いのだ、あいつらに責任をとらせるという論理だけでは、それでいいのかと事故の後つよく思っている。問題提起として受け取っていただき、議論していただきたい」

本島：「世論調査で原発を容認してきたという事実については、その通りだと思う。ただ、原発に絶対反対だという世論調査の結果ではなかったということから、国民は原発を選択してきたとは私は理解していない。原発がつくる電力を、大企業の大工場がつかうために送配電するシステムをつくり上げているということも事実だ。大企業の大工場がつかえるように原発が造られたのであって、国民のために造られたのではないということを、しっかり認識しておく必要がある」

清水：「原発で発電している電力の量と、大企業が使っている電力の量がほぼ等しいということをもって、原発の電力は大企業のためにあるとおっしゃったように聞こえたが、どうして大企業のための電力は原発がつくらなければならないのかという理由はよくわからなかった」

本島：「発電量と消費量がほぼ同じだということは、要するにそういうシステムをつくっているということだ。原発でおこした電気を、超高圧・高圧でそのまま大企業の大工場に送電するように、送電システムがつくられている。その上でなおかつ、発電量と消費量がほぼ同じですよということ。もう一つ。原発ほど高密度に大量の電力を発電できる施設は、原発のほかにはない。これは、大企業がつかう電気料金をいかに安くするか、大工場がつかうために電気を安くするためには、原発は使う側からいえば大変都合のよいものだということ。これを、国民の生命などを犠牲にしてすすめてきた。」

舘野：「原発の一番の欠陥は、放射能と考えている方が多いかもしれないが、実は熱だ。ものすごい高密度でエネルギーを発生しているため、いったんコントロールに失敗すると熱の行き場がどこにもなくなって、メルトダウンしどんどん温度も上がる。いくら防潮堤を建てたりしても、本質的な問題はなんら解決しない。火力発電と競争するために、原発は短期間に猛烈に出力密度を上げて、スケールアップして出力も上げた。高さ4m、直径4mくらいの炉心の中で100万kWの電気をつくるわけで、熱は約3倍の300万kWを発生させているわけだから、ものすごい高密度になっている。これが大きな特徴だ」

清水：「大企業の存在そのものが悪であるという、そういう問題の片づけ方は単純すぎる。もっと深く考えないといけないと思う」

野口：「大学時代の同級生と後輩らの研究グループが最近、放射性セシウムを含む粒子を見つけた。全部で10個ほど。そのうち5個ほどは放射能と直径を測定し､1 個が 2 ミクロン（μm）ほどだった。そういうのを分析するのはすごい技術だと思っている。粒子中に 14 元素を見つけたとのことだった。放射能は 2 ～ 3 ベクレル程度で大した量ではないが、放射性セシウムを含む粒子は金属ではなくてガラス質だった。14 元素は全部が、核燃料物質や核分裂生成物、原子炉容器の鉄とかで、溶融した温度の情報が得られるかもしれないということがポイントだ。放射能の問題だけではなくて、いろいろなデータが今後出てくると思われるので、そういうデータを受け止めて解析する必要がある。健康影響についても、低線量放射線の問題だけではなくて、事故直後のさまざまなストレスからくるメニエール病が増えていると、相馬市の耳鼻咽喉科の医師もいっている。そういったことを総合的に受け止めて、データを解析し解釈をしていくことが重要になると思っている」

本島：「大企業が悪だというようなことをいったことはまったくない。大企業がなかったら、今の日本経済は成り立たない。そういう社会であるという現実は否定できないと思っている。今日はたいへん多くの参加者の皆さんが来られたということで、びっくりしている。3.11 日以来、いろいろなところから要請を受けて講演してきたが、ここでは事故直後と同じような雰囲気を感じた。事故を風化させてはならないという、この地域の皆さんの心意気があってこれだけの方が集まったのではないか。私たち科学者は原発の科学的・技術的な問題点を、国民の皆さんに明らかにしていかなければならないと思っている」

舘野：「私の役割は科学者として、原発がいかに技術的に問題があるということを証明することだ。私は核絶対否定論者ではない。いまの軽水炉という技術は危険な技術であるということを、科学者として証明していくこと、説得力のある話をしていくことが役目だと思っている」

第２部　原発の耐震安全性と活断層問題の状況

質問：「破砕帯、断層はどう違うのか」

立石：「断層活動にともなって、ほとんどの場合に破砕帯ができる。破砕帯があれば活断層かというと、それは別の問題だ。活断層かどうかということは、要するに新しい時代に動いたかどうかということであって､破砕帯は１億年前の断層活動によっても存在する。破砕帯があるから活断層だと、直結するのは間違っている。破砕帯がいつ活動した断層によってできたのかという議論が必要になる」

質問：「大飯原発は非常用取水路が活断層をまたいでいるとして注目されているということだった。志賀原発の場合、雨水を流す側溝に消防に使うようなホースを通して、非常用の取水を行うとしている。大飯の場合、どのようになっているのか気になった。また、送電鉄塔の耐震安全性はどう評価されているか」

山本：「大飯原発の敷地は、谷を切りひらいた狭いところに４つの発電所がのっている。発電所の北側の山の中を非常用取水路が通っていて、その下から北の台場浜までF-6断層が通っているからダメだと、原子力規制委員会は当初いっていた。トンネルを掘って取水路を通している。送電線は耐震安全性の基準は低く、地震で倒れる可能性は高い。倒れても非常用ディーゼル発電機があるからいいとして、補強工事は行われていない。大飯原発の周辺には脆い地層が多くて崩れやすいため、これまでも地震があったり大雨が降った際、原発道路が何回も崩れている。そのため、地震や大雨で送電鉄塔が倒れる可能性は大きいと考えている」

質問：「電力会社が出してくる活断層などの報告は、地質調査会社やコンサルタント会社に外注しているのではないか。その報告の問題点をどう考えればいいか」

立石：「コンサルタント会社や研究機関に勤めている研究者や技術者の一人ひとりは、それなりの見識を持っていると思う。少なくとも自分が思っていることをレポートしている。問題はそこから先で、そういったレポートがまずいということになれば、押しつぶされるという仕組みがある。私たちが見るような電力会社の報告書にまとめられるに際して、レポートを書いた人たちが疑義をはさんでくれれば非常にわかりやすいが、それをやればその業界では生きていけなくなる仕組みだと思う。そのへんは直接タッチしていないので何ともいえないが、現場で調査にあたっている研究者や技術者は信じたいと思っている」

質問：「志賀原発の地元のものだが、そういったところで原発を議論する上で２つのことがある。１つは、原発が危険だとか地震や活断層がどうかということ。もう１つは、原発がなくなったら仕事がどうなるかといったこと。新聞で読んだことだと思うが、福井で廃炉を地元企業でできないか検討するということの話があったら聞かせてほしい」

山本：「70年代に原発が事故・故障を繰り返して稼働率が低下する中で、風評被害が住民を苦しめた。若狭に嫁にやるなといわれる。あるいは、敦賀に住んでいる人が干物などを親戚に送ると、送り返される。そういったことがあって、敦賀商工会議所が原発で地域は豊かになったか、総括を行った。そして栗田知事の時代に、原発は地域経済の振興にはならなかったと結論を、県を含めて行った。90年代の後半から、原発にかわるエネルギーを住民は考えるようになった。ところが一方で、原発の署名をした人を市長室に呼び出して攻撃するとか、特に教員はそうとうやられたと聞いている。このような原発に反対する人を押さえ込むということを、一部の人たちがやる。今度の再稼働をめぐっても、これを動かせと言っているのは電力関係と、恩恵を受けている下請け業者、特に作業員を送り込んでいる福井県以外の業者が敦賀や大飯、高浜にやってきて、恫喝したり圧力をかけたりして住民を従わせている。大飯でも高浜でも美浜でも、住民投票をやったら原発動かすなの票は多い。これは電力会社も知っているので、住民投票は絶対に行わない。大飯町では今年4月の町長選挙で、原発の下請け企業の社長が立候補した。それに対して名田庄村から一般の人が立候補した。社長が圧倒的に当選すると考えられていたが、名田庄村の人が当選した。そういうふうに変わってきているし、(敦賀でも敦賀3、4号機増設をめぐって)、いったんは『白紙』の人（市長）が当選することがおこっている。住民の中には、原発がなくていいならいらない、廃炉によって雇用が生まれるならばそれでいいという考えが出てきている。福井県にも廃炉対策室ができた。核燃料サイクル機構の新型転換炉『ふげん』には廃炉センターができて、常時1000人くらいの雇用が創出されている。だから敦賀では、原発が止まっていても仕事がある。大飯、高浜でも規制基準に基づく工事が行われれば、仕事がある。私たちは古い炉、敦賀1号、美浜1号、大飯1、2号、高浜1、2号を廃炉にすれば、それによって生まれる雇用で当面しのぎながら、原発をなくしていけばいいのではないかと提案をおこなっている。それに従って、少し動き始めているのが敦賀市で、LNG発電を市長がいいだしているし、東洋紡がバイオマス・ガス発電を建設している。このように原発に代わるエネルギーということで、動き始めていることもある。長く敦賀に住んでいるが、それほど悲観せずに運動している」

質問：「志賀原発が耐震基準を1000ガルに上げて再稼働の準備をしているということだが、既往最大で4000ガルの揺れがあるということだが、その場合1000ガルの基準の建物はどうなるのか」

立石：「最大既往で4000ガルというのが岩手宮城内陸地震で独り歩きしているが、一方で、原発の耐震設計にかかわる地震動は、基準地震動をベースにしている。4000ガルといわれているのは、これは地表での、しかも直下に断層があってそれが動いたというのが、岩手宮城内陸地震での既往最大という数値だ。基準地震動で最大は柏崎刈羽で2030ガル、浜岡で800ガル。これは地震波の伝播速度で毎秒700ｍというかなり固い岩盤のところで、どれだけの揺れがあるかという数値で、これが基準地震動だ。志賀原発はかなり固い岩盤が浅いところまであるので、ここでの揺れ。ここから20～30ｍの建屋のところで、どれだけの増幅がおこるのか、あるいは低下がおこるのか、こうしたことを計算して実際に建屋の基礎に入ってくる地震動はどれだけかということを想定する。原発などの建物の耐震設計の基準というのは、ある一定のところでの揺れの大きさをいう。この会場の建物はそれほど深いところに基礎盤を置いていないので、例えばこの下に断層があるとすれば、既往最大の4000ガルに耐えられる構造にしなければならないという論理になるが、原発の場合には硬い岩盤から地表にどのように伝わってくるかということを解析しないと、建屋の実際の設計値に生かすものにはならない。地震波の伝播のプロセス、増幅のプロセスについての解析はきわめて不十分だ。地震が伝わる過程に異質な地層があれば、そこで地震波がどのように変わっていくのか、そういうことを解析しないかぎり、実際の基礎盤のところでの揺れは正確には把握できない。増幅過程が明らかにされていない状況の中で、基本的には地層は一律・均質だと想定されて解析が行われてきたというのが実態だ。だから実際に地震がきたら、浜岡原発で観測されたように、ある号機だけが特別に大きく揺れる、ある方向の場所だけが地震波にとりわけ敏感に反応する、こうしたことがおこってしまう。志賀原発の1000ガルというのは…」

山本：「志賀2号機の適合性審査の書類に、『福浦断層等を考慮して1000ガル』と書かれている」

立石：「富来川南岸断層は原発の北9kmのところを通っているが、福浦断層は敷地の東で1kmもないところだ。地表に顔を出している活断層の場合、最低でもM7.2を想定しなければならない。これが敷地に対して、特に解放基盤のところでどれだけの揺れになるかを解析したら、おそらく1000ガルを想定する必要があるということになったのだろう。ちなみに、柏崎刈羽原発では基準地震動は2000ガルを超えているが、建屋の基礎盤での揺れは800ガルとしている。従って、1000ガルに耐えられる耐震設計にすれば大丈夫だというのが、東電の論理だ。どの断層をもっとも重要視するのかということで、この基準地震動は変わってくる。1000ガルを採用したとすれば、浜岡を超えているので、これに耐えられるような設計がそれぞれの装置でされているかというチェックが重要だ。私たちの運動で弱点になっているのは、この耐震設計の問題だ。かつては福井支部に渡辺三郎さんがいたのだが、今は後を継いでいる人がいないので十分に応えきれていない。勉強しながら詰めていきたいと思っている」

質問：「福井に15基の原発があるが、廃炉にはどのような時間と費用、廃棄物の処理にかかるのか」

山本：「福井県の廃炉対策室が試算しているが、当初は建設費用くらいはかかるといわれていたが、『ふげん』の解体を行うことで、それ以上にかかることが明らかになっている。『ふげん』はMOX燃料を燃やしていて、すべてが1次系ということもあるので、加圧水型とは若干違うところはあるが、建設費用の1.5倍～2倍かかるというのが、福井県の廃炉対策室の考え方だ。ただ、廃炉を予定されているのは敦賀1号で、これは3、4号の増設ができれば廃炉ができるということを約束しているだけで、3、4号の増設は見込めない。日本原電は破砕帯の問題もかかえていて、廃炉の問題はなかなか答えを出さない。私たちは日本原電に対して、廃炉のスペシャリストになってほしいと再三要望している。雇用については、浜岡原発が1、2号を廃炉にしている。浜岡の原子力安全対策室に行って話を聞いてきたが、約3000人の雇用が常時あり、それに防潮堤の建設があったので5000人規模になっているのではないかということだった。とくに炉心に近いところの解体は、高レベルの放射線が飛んでいることもあって、人海戦術でやるので、多くの人がそれに携わることになる。こういったこともあり、福井県は将来有望なビジネスと考えているようだ」

以上

あとがき

本書は「福島原発事故から3年半―事故の現状と再稼働の動き、活断層問題」をテーマに、2014年8月30、31日に石川県で開催された日本科学者会議（以下、JSA）「第35回原子力発電問題全国シンポジウム」（主催:JSA原子力問題研究委員会、同石川支部）をもとに作られました。7つの論文はいずれも、シンポジウムの報告に大幅に加筆して書かれています。

北陸電力・志賀原子力発電所が立地する石川県で、原子力発電問題全国シンポジウムが開催されたのは4回目です。

1回目は1991年8月の開催で志賀原発1号機の試運転が約2か月後に予定される中で、2回目は2005年9月に珠洲原発計画の撤回など原子力発電の転換期をテーマに、3回目は2008年9月で前年の能登半島地震、新潟県中越沖地震をふまえて原発と地震災害を論じました。今回は2011年3月に東北地方太平洋沖地震を引き金にして発生した福島第一原発のシビアアクシデント（苛酷事故）から3年半がたった時点での、事故と被災地をめぐる状況、再稼働をめぐる動き、原発の耐震安全性と活断層問題について検討しました。

今回のシンポジウムにあたっては、2014年1月にJSA石川支部が金沢市での開催を原子力問題研究委員会に提案し、2月に鈴木健之さん（JSA石川支部前事務局長、生化学）を委員長に現地実行委員会が発足しました。

現地実行委員会は、3月14、15日に開催されたJSA原子力問題研究委員会での検討もへて、第35回シンポジウムの開催にあたっての基本的な考えを次のようにまとめました。

――福島第一原発事故から3年が経ちましたが、汚染水問題の深刻化が象徴するように、事故収束の展望はまったく見えてきていません。

原子炉周辺は依然として超高線量のため近づくことはできず、原因究明はおろか、事故で何がおこったのかが明らかになるまで、10年単位の時間が必要となると思われます。十数万人もの福島県民の皆さんが今もなお故郷を離れており、苦難に満ちた生活を送っている方が少なくありません。

こういった状況にもかかわらず、安倍政権は原発再稼働に躍起になっており、原子力規制委員会からはそれを容認するような発言が相次いでいます。2013年7月に新規制基準が施行されましたが、福島原発事故をふまえたものにはなっておらず、シビアアクシデントの再発を防止する担保などありません。

再稼働問題の大きなカギになるのが、耐震安全性と活断層問題です。原発が立地する各地で、周辺や直下の活断層が問題になっています。原発敷地内に活断層が存在する可能性が高いとして、原子力規制委員会は専門家による現地調査を各地の原発サイトで行っています。こうした中、石川県では、志賀原発周辺の活断層について、住民と科学者が共同した調査を続けており、原発の北9kmにある富来川南岸断層の活動を示す重要な成果を積み上げてきました。

こういった状況のもとで、第35回原子力発電問題全国シンポジウムは「福島原発事故から3年半—事故の現状と再稼働の動き、活断層問題」をテーマに開催し、能登半島の活断層をめぐる現地視察も行います。

これをふまえて2014年4月、7つの報告と演者を決定して、宣伝用のチラシとサーキュラーを作成しました。

シンポジウムの開催準備をすすめていた中、原子力規制委員会は2014年7月16日、九州電力・川内原発1,2号機について、再稼働の前提となる新しい規制基準に「適合していると認められる」とした審査書案を了承しました。これは事実上の再稼働の「合格証明書」とも言えるものです。第35回原子力発電問題全国シンポジウムは、川内原発の再稼働をめぐる攻防が緊迫の度を増していく中で、同年8月30、31日の開催を迎えました。金沢市駅西健康ホールには、30日には会場いっぱいの約150人が、31日にも石川県内や県外各地から約130人の皆さんが参加しました。

30日午後の第1部では、「3年半を経過した福島県民の現実と打開の展望」(清水修二氏・福島支部)、「放射能汚染をめぐる状況」(野口邦和氏・日本大学歯学部)、「世界と日本の原発をめぐる動き」(本島勲氏・元電力中央研究所)、「福島事故解明の現状と再稼働問題、廃炉への道すじ」(舘野淳氏・東京支部) の報告が行われました。4人の演者の、①健康被害の有無論を原発の是非論と結び付けるのは禁物であり、子どもたちの将来に関しては「がん」よりも「差別」のほうが重大であること、②さまざまな対策で福島県民の内部被曝は低くおさえられており、外部被曝の低減が肝要であり、そのために除染が重要であること、③原子力発電は産業・重化学工業用の高密度・大容量電源であり、これを法的に位置づけた電気事業法を転換することが必要であること、④原子力発電の最大の問題は「熱」であり、狭い炉心で高密度の熱が出ているため冷却に失敗すると容易に炉心溶融に至る重大な欠陥をかかえていること、といった報告を受けて熱心な討論が行われました。

31日午前の第2部では、「原発の耐震安全性問題と新規制基準」(立石雅昭氏・新潟支部)、「科学者・住民の調査が明らかにした志賀原発周辺の活断層問題」(児玉一八氏・石川支部)、「若狭湾岸の原発と断層、再稼働問題」(山本雅彦氏・福井支部) の3つの報告が行われました。討論では、福井県若狭湾岸の原発群と志賀原発のほか、柏崎刈羽や川内などの各原発の耐震安全性をどう見るか、新規制基準と審査の進め方の問題のほか、原発をなくしたあとの地域経済をどうしていくかでも議論が行われました。

31日午後の志賀原発周辺活断層の現地見学には、約50人が参加しました。能登半島での原発立地をめぐる歴史や、車窓に見える風力発電機に関する解説もあり、世界で3か所しかない砂浜を自動車が走れる「千里浜なぎさドライブウェー」では波打ち際に形成される葉理を観察しました。志賀原発敷地のすぐ横の岩石海岸では、立石雅昭さんが海岸に数多くみられる断層と敷地内活断層の関係について、原発の北約3kmの景勝地・巌門でも地震性隆起を示す海成砂層の露頭、海食ノッチとベンチなどについて解説しました。

参加者からは、「シンポジウムの議論はなかなかよかった。報告者の提起をどう受け止めるか、さらに考えていきたい」、「原発のすぐ近くの海岸に、これほど多くの断層があることにびっくりした」などの感想が寄せられました。

本書は、実り多い成果とともに幕を閉じた第35回原子力発電問題全国シンポジウムを、多くの方々に知らせていくことを目的に刊行されました。

福島第一原発事故が発生してから4年が経とうとしています。今もなお、約12万人の方々が困難な避難生活を強いられ、震災関連死は2014年11月には1800人を超えてしまいました。汚染水問題が象徴するように事故は未だに収束しておらず、廃炉も長く困難な道のりになることは間違いありません。それなのに政府や電力会社などは、まるで何ごともなかったかのように原発再稼働の道をひた走っています。

今回のシンポジウムが明らかにしたように、福島第一原発事故というシビアアクシデントは福島だから起こったのではなくて、福島で起こったのはたまたまにすぎません。電力会社は福島の事故を二度と起こさない対策をとっていると言っていますが、実際はシビアアクシデントを起こしてしまった軽水炉の致命的欠陥には、何一つ対策は打たれていません。炉心の狭い空間で大量・高密度の熱を発生させ、いったん冷却に失敗すれば坂道を転げ落ちるようにシビアアクシデントに向かう欠陥をかかえた軽水炉原発をふたたび稼働させていくならば、次は福島以外の日本のどこかの原発で同様の事故を再発させることになるでしょう。こうした原発をどうするのか、引き続き電力供給の主軸にしていくのか、あるいは福島のような事故を二度と起こさないために撤退していくのか、生活や産業を支えるエネルギーや電力をどうするのか、国民が肝を据えて議論しなければならないと考えます。本書がそういった国民的な議論に寄与できればと心から願っております。

多忙の中でシンポジウムの開催に尽力された鈴木健之実行委員長をはじめ、現地実行委員会の皆さん、そして出版を引き受けていただいた本の泉社に心より感謝申し上げます。

日本科学者会議原子力問題研究委員会委員　児玉一八

■執筆者略歴（掲載順）

舘野　淳（たての　じゅん）
　1936年東京大学工学部応用化学科卒業。日本原子力研究所研究員を経て、1997年から中央大学商学部教授。2007年中央大学退職。現在核・エネルギー問題情報センター事務局長。著書に『廃炉時代が始まった』、『シビアアクシデントの脅威』他。

清水修二（しみず　しゅうじ）
　1948年東京都生まれ。京都大学大学院修了。福島大学経済経営学類特任教授。専攻は財政学。日本科学者会議原子力問題研究委員会委員。福島県県民健康調査検討委員会委員。

野口邦和（のぐち　くにかず）
　日本大学准教授・福島大学客員教授、理学博士、専門は放射化学・放射線防護学・環境放射線学、福島県本宮市放射能健康リスク管理アドバイザー、日本科学者会議原子力問題研究委員長、著書に『放射線被曝の理科・社会』『放射能のはなし』ほか。

本島　勲（もとじま　いさお）
　工学博士、元電力中央研究所主任研究員（岩盤地下水工学）、元中央大学兼任講師（エネルギー論）、元東京電力建設部技術専門委員会委員、元高レベル放射性廃棄物処理処分経済性調査委員会WG委員長、元日本科学者会議事務局次長・研究企画部長、エネルギー問題研究委員会委員長、技術政策研究会事務局担当　ＮＥＲＩＣ常任理事　千葉県革新懇話会代表世話人　世界遺産屋久島町親善大使。『日本のエネルギー問題（1980　大月書店）』『今日の地球環境（1986　大月書店）』『日本の科学技術（1991　新日本出版）』ほか。

立石雅昭（たていし　まさあき）
　1945年大阪市生まれ。大阪市立大学卒業、京都大学大学院修了。1979年から新潟大学理学部で教育研究に携わる。専門分野は地質学。2007年中越沖地震によって柏崎刈羽原発が被災後、新潟県の「原子力発電所の安全管理に関する技術委員会」委員となるとともに、原発問題住民運動全国連絡センター代表委員の一人として、各地の原発の耐震安全性に関して住民の立場に立って原発ゼロの運動を進めている。

児玉一八（こだま　かずや）
　1960年福井県生まれ。1988年金沢大学大学院医学研究科博士課程修了。医学博士、理学修士。専門は生物化学、分子生物学。現在、日本科学者会議原子力問題研究委員会委員、原発問題住民運動全国連絡センター代表委員。著書に『活断層上の欠陥原子炉志賀原発―はたして福島の事故は特別か』（東洋書店）、『放射線被曝の理科・社会―四年目の「福島の真実」』（かもがわ出版、共著）など

山本雅彦（やまもと　まさひこ）
　1957年生まれ、福井県敦賀市在住。1979年から1984年まで原発関連会社から関西電力美浜・大飯・高浜発電所に勤務、専門は炉物理、電気計装学。計装士、科学者会議福井支部、原発住民運動福井・嶺南センター幹事、元原発問題住民運動全国センター代表委員。
　退職後は、原発が地域経済に及ぼす問題にとりくみ、1995年の阪神淡路大震災の後は、地震と原発、活断層問題に関心をもって運動している。

漂流する原子力と再稼働問題

―日本科学者会議第35回原子力発電問題全国シンポジウム(金沢)より―

2015年2月6日　第1版第1刷発行

編　集●日本科学者会議原子力問題研究委員会

発行者●比留川洋

発行所●株式会社　本の泉社

〒113-0033　東京都文京区本郷2-25-6

電話　03-5800-8494　FAX　03-5800-5353

E-mail@honnoizumi.co.jp

URL. http://www.honnoizumi.co.jp/

印　刷●亜細亜印刷株式会社

製　本●株式会社村上製本所

定価は表紙に表示してあります。落丁・乱丁はお取り替えいたします。

ISBN978-4-7807-1108-7 C0036